格致方法·定量研究系列　吴晓刚　主编

时间序列分析:回归技术(第二版)

[美] 小查尔斯·W.奥斯特罗姆（Charles W.Ostrom, Jr.）著

温方琪 译　范新光 校

SAGE Publications, Inc.

格致出版社　上海人民出版社

图书在版编目(CIP)数据

时间序列分析:回归技术:第二版/(美)小查尔斯·W.奥斯特罗姆(Charles W.Ostrom)著;温方琪译;范新光校.—上海:格致出版社:上海人民出版社,2017.6

(格致方法·定量研究系列)

ISBN 978 - 7 - 5432 - 2680 - 7

Ⅰ.①时… Ⅱ.①小… ②温… ③范… Ⅲ.①时间序列分析 Ⅳ.①0211.61

中国版本图书馆 CIP 数据核字(2017)第 113888 号

责任编辑　　裴乾坤

格致方法·定量研究系列

时间序列分析:回归技术(第二版)

[美]小查尔斯·W.奥斯特罗姆 著

温方琪 译　范新光 校

出　版	世纪出版股份有限公司　格致出版社 世纪出版集团　上海人民出版社 (200001　上海福建中路193号　www.ewen.co)	印　刷	上海商务联西印刷有限公司
		开　本	920×1168　1/32
		印　张	5.5
	编辑部热线　021-63914988 市场部热线　021-63914081 www.hibooks.cn	字　数	110,000
		版　次	2017 年 7 月第 1 版
发　行	上海世纪出版股份有限公司发行中心	印　次	2017 年 7 月第 1 次印刷

ISBN 978 - 7 - 5432 - 2680 - 7/C · 181　　　　　　　定价:32.00 元

出版说明

　　由香港科技大学社会科学部吴晓刚教授主编的"格致方法·定量研究系列"丛书,精选了世界著名的 SAGE 出版社定量社会科学研究丛书,翻译成中文,起初集结成八册,于 2011 年出版。这套丛书自出版以来,受到广大读者特别是年轻一代社会科学工作者的热烈欢迎。为了给广大读者提供更多的方便和选择,该丛书经过修订和校正,于 2012 年以单行本的形式再次出版发行,共 37 本。我们衷心感谢广大读者的支持和建议。

　　随着与 SAGE 出版社合作的进一步深化,我们又从丛书中精选了三十多个品种,译成中文,以飨读者。丛书新增品种涵盖了更多的定量研究方法。我们希望本丛书单行本的继续出版能为推动国内社会科学定量研究的教学和研究作出一点贡献。

总 序

2003 年,我赴港工作,在香港科技大学社会科学部教授研究生的两门核心定量方法课程。香港科技大学社会科学部自创建以来,非常重视社会科学研究方法论的训练。我开设的第一门课"社会科学里的统计学"(Statistics for Social Science)为所有研究型硕士生和博士生的必修课,而第二门课"社会科学中的定量分析"为博士生的必修课(事实上,大部分硕士生在修完第一门课后都会继续选修第二门课)。我在讲授这两门课的时候,根据社会科学研究生的数理基础比较薄弱的特点,尽量避免复杂的数学公式推导,而用具体的例子,结合语言和图形,帮助学生理解统计的基本概念和模型。课程的重点放在如何应用定量分析模型研究社会实际问题上,即社会研究者主要为定量统计方法的"消费者"而非"生产者"。作为"消费者",学完这些课程后,我们一方面能够读懂、欣赏和评价别人在同行评议的刊物上发表的定量研究的文章;另一方面,也能在自己的研究中运用这些成熟的方法论技术。

上述两门课的内容,尽管在线性回归模型的内容上有少量重复,但各有侧重。"社会科学里的统计学"从介绍最基本的社会研究方法论和统计学原理开始,到多元线性回归模型结束,内容涵盖了描述性统计的基本方法、统计推论的原理、假设检验、列联表分析、方差和协方差分析、简单线性回归模型、多元线性回归模型,以及线性回归模型的假设和模型诊断。"社会科学中的定量分析"则介绍在经典线性回归模型的假设不成立的情况下的一些模型和方法,将重点放在因变量为定类数据的分析模型上,包括两分类的 logistic 回归模型、多分类 logistic 回归模型、定序 logistic 回归模型、条件 logistic 回归模型、多维列联表的对数线性和对数乘积模型、有关删节数据的模型、纵贯数据的分析模型,包括追踪研究和事件史的分析方法。这些模型在社会科学研究中有着更加广泛的应用。

　　修读过这些课程的香港科技大学的研究生,一直鼓励和支持我将两门课的讲稿结集出版,并帮助我将原来的英文课程讲稿译成了中文。但是,由于种种原因,这两本书拖了多年还没有完成。世界著名的出版社 SAGE 的"定量社会科学研究"丛书闻名遐迩,每本书都写得通俗易懂,与我的教学理念是相通的。当格致出版社向我提出从这套丛书中精选一批翻译,以飨中文读者时,我非常支持这个想法,因为这从某种程度上弥补了我的教科书未能出版的遗憾。

　　翻译是一件吃力不讨好的事。不但要有对中英文两种语言的精准把握能力,还要有对实质内容有较深的理解能力,而这套丛书涵盖的又恰恰是社会科学中技术性非常强的内容,只有语言能力是远远不能胜任的。在短短的一年时间里,我们组织了来自中国内地及香港、台湾地区的二十几位研究生参与了这项工程,他们当时大部分是香港科技大学的硕士和博士研究生,受过严格的社会科学统计方法的训练,也有来自美国等地对定量研究感兴趣的博士研究生。他们是香港科技大学社会科学部博士研究生蒋勤、李骏、盛智明、叶华、张卓妮、郑冰岛,硕士研究生贺光烨、李兰、林毓玲、肖东亮、辛济云、於嘉、余珊珊,应用社会经济研究中心研究员李俊秀;香港大学教育学院博士研究生洪岩璧;北京大学社会学系博士研究生李丁、赵亮员;中国人民大学人口学系讲师巫锡炜;中国台湾"中央"研究院社会学所助理研究员林宗弘;南京师范大学心理学系副教授陈陈;美国北卡罗来纳大学教堂山分校社会学系博士候选人姜念涛;美国加州大学洛杉矶分校社会学系博士研究生宋曦;哈佛大学社会学系博士研究生郭茂灿和周韵。

参与这项工作的许多译者目前都已经毕业,大多成为中国内地以及香港、台湾等地区高校和研究机构定量社会科学方法教学和研究的骨干。不少译者反映,翻译工作本身也是他们学习相关定量方法的有效途径。鉴于此,当格致出版社和 SAGE 出版社决定在"格致方法·定量研究系列"丛书中推出另外一批新品种时,香港科技大学社会科学部的研究生仍然是主要力量。特别值得一提的是,香港科技大学应用社会经济研究中心与上海大学社会学院自 2012 年夏季开始,在上海(夏季)和广州南沙(冬季)联合举办《应用社会科学研究方法研修班》,至今已经成功举办三届。研修课程设计体现"化整为零、循序渐进、中文教学、学以致用"的方针,吸引了一大批有志于从事定量社会科学研究的博士生和青年学者。他们中的不少人也参与了翻译和校对的工作。他们在繁忙的学习和研究之余，历经近两年的时间，完成了三十多本新书的翻译任务，使得"格致方法·定量研究系列"丛书更加丰富和完善。他们是：东南大学社会学系副教授洪岩璧，香港科技大学社会科学部博士研究生贺光烨、李忠路、王佳、王彦蓉、许多多，硕士研究生范新光、缪佳、武玲蔚、臧晓露、曾东林，北京大学教育学院博士研究生李兰，密歇根大学社会学系博士研究生王骁，纽约大学社会学系博士研究生温芳琪，牛津大学社会学系研究生周穆之，上海大学社会学院博士研究生陈伟等。

　　陈伟、范新光、贺光烨、洪岩璧、李忠路、缪佳、王佳、武玲蔚、许多多、曾东林、周穆之，以及香港科技大学社会科学部硕士研究生陈佳莹，上海大学社会学院硕士研究生梁海祥还协助主编做了大量的审校工作。格致出版社编辑高璇不遗余力地推动本丛书的继续出版，并且在这个过程中表现出极大的耐心和高度的专业精神。对他们付出的劳动，我在此致以诚挚的谢意。当然，每本书因本身内容和译者的行文风格有所差异，校对未免挂一漏万，术语的标准译法方面还有很大的改进空间。我们欢迎广大读者提出建设性的批评和建议，以便再版时修订。

　　我们希望本丛书的持续出版，能为进一步提升国内社会科学定量教学和研究水平作出一点贡献。

吴晓刚

于香港九龙清水湾

目 录

序

相关数据往往会以时间序列的形式出现,即对单一分析
单位在特定时间内获得重复的观测值。现实中有许多这样
的例子。例如,一位工业心理学家连续数月监控一个工作小
组的生产效率;一个政治学家一个又一个季度地跟踪一位总
统的支持率;一个教育政策分析员追踪年度教育预算的数
值。这些时间序列是包含变化的,并且可以像所有系统性的
社会现象那样被解释。设想有一位都市社会学家珍·多伊
提出这样一个假设:在哥谭镇,财产犯罪率(C_t)可以被表达
为该城市失业率(U_t)的一个函数。使用过去 26 年的年度观
测值,最小二乘(OLS)回归可以产生如下估计:

$$C_t = 2.1 + 3.7U_t + E_t$$

$$(6.3)$$

$$R^2 = 0.87 \quad N = 26$$

根据 t 比率(参见括号内数值),失业对犯罪的影响在
0.05 水平上显著。假使经典回归的假设条件都被满足,我们
可以认为数据清楚地支持了多伊教授所提出的假设。然而,

时间序列数据往往违反经典回归的一个假设条件——误差项不存在自相关(nonautocorrelation)。比如说,某一观测值在某一时间点的误差项(E_t)有可能与另一观测值在较早一时间点的误差项(E_t-1)相关。这种自相关会严重影响显著性检验的准确性。在上面的例子中,即使在最小二乘估计中 U_t 有一个很大的 t 比率,U_t 和 C_t 的关系实际上也可能在 0.05 水平上并不显著。因此,时间序列数据给普通的回归分析造成了不小的困难。

奥斯特罗姆教授向我们展示了诊断自相关的方法。他由简单的一阶自相关过程扩展到高阶、平滑且包含混合误差的过程。他进一步阐释了解决自相关问题的估计步骤。具体来说,他讨论了包括 Cochrane-Orcutt 法、Prais-Winsten 法、Hildreth-Lu 法以及 Beach-McKinnon 法在内的几种非常有用的广义最小二乘法。这些方法都以一种以读者为中心的方式呈现,奥斯特罗姆教授也提供了由计算机软件 SPSS、TSP 和 SAS 输出结果的例子。除此之外,本书还讨论了一些重要的特殊主题:Box-Jenkins 法与经典回归方法的比较;内生和外生滞后变量;事后和事前预测。在本书第二版中,奥斯特罗姆教授介绍了有关时间序列回归分析的最新发展。更重要的是,他特别强调了有关理解和应用方面的问题。

迈克尔·李维斯-贝克

第 *1* 章

导　言

　　这部专著详细介绍了基本回归模型的一个变化形式——所采用的数据为一种特殊时间序列的情况。当一组数据 X_t $(t=1, 2, \cdots, T)$ 中 X_t 和 X_{t+1} 之间的间距是固定且恒定的时候,它就被看作一组时间序列(time series)。简单来说,观测值之间的顺序是非常重要的——我们不仅对观察点上的特定数值感兴趣,也对它们出现的顺序感兴趣。例如,关于总统支持率的序列、美国国防开支、世界体系中战争的数量以及失业率都符合时间序列分析的要求。

　　鉴于数据是按照特定时间顺序排列的,我们可以提出有关变量在过去以及未来是如何表现的问题。时间序列回归分析最大的优势在于,对于我们所感兴趣的变量,它既可以解释其过去的表现又可以预测其未来的表现。因此,一组时间序列的历史承担着两重职责:"首先,它必须告诉我们一个特定机制是如何随时间演化的;其次,它也允许我们利用那个机制预测未来。"(Nelson,1973:19)正如我们所看到的,这两重职责的实现都必须基于正确地设定一个模型并估计它的参数。例如,对于总统、国会和公众而言,美国国防开支的预算是一个非常重要的决定。因此,充分了解这项决定是如何达成以及该决定会产生哪些附加影响是非常迫切的。为了让我们在技术上的讨论具有连贯性,这个例子会在这本专著中反复出现。

从本书的最开始,我们就有必要区分时间序列回归分析 (time series regression analysis)(Johnston, 1984; Judge et al., 1985; Kmenta, 1986; Pindyck and Rubinfeld, 1981; Wonnacott and Wonnacott, 1979)以及 Box-Jenkins 时间序列分析(time series analysis of the Box-Jenkins)(Box and Jenkins, 1976; Granger and Newbold, 1986; McCleary and Hay, 1980; McDowall, McCleary, Meidinger and Hay, 1980)。时间序列回归分析首先提出一个结构模型,然后再用时间序列数据进行检验。Box-Jenkins 时间序列分析(也被称为 ARIMA 或者转换函数)却是经验导向的,因为这种模型的形式(比如说变量以及滞后结构)取决于数据的拟合情况。

有意思的是,在上面所提到的贯穿整本书进行讨论的例子中,使用这两种不同的方法会得到相反的结论。有关国防开支(或者军备竞赛)文献的核心问题是"美国是否会响应苏联的支出水平"。即究竟美国的国防开支可以基本归结为对苏联的响应,或者是还有其他因素影响着可被观测到的时间轨迹? 回归方法(比如说,Marra, 1985; Ostrom, 1978; Ostrom and Marra, 1986)支持两个超级大国军备竞赛的假说。但 Box-Jenkins 的方法或者其变化形式(比如说,Freeman, 1983; Majeski and Jones, 1981)却显示出军备竞赛并不存在。相反,美国当前的国防开支是由美国过去的国防开支所决定的。

与其让我现在就决定说哪一种时间序列分析的方法是

更加可取的,不如先做如下观察评论。这本书主要讨论的是如何采用回归(结构方程)方法来分析时间序列数据。在这里,建模者首先设定好因果结构,然后再来分析数据是否能够在经验上支持这种设定。尽管我们并不涉及 Box-Jenkins 时间序列模型对外生变量的解释,本书却会介绍 Box-Jenkins 时间序列方法作为一种有用的替代方法是如何模拟明显的错误过程。通过这种方法,本书尝试部分地统一这两种分析时间序列数据方法所存在的分歧。

本书对时间序列回归分析的介绍可以分为 4 个部分。首先,通过强调传统回归所存在的问题,我们提出一个正确的估计步骤来讨论时间序列回归模型的一般形式。其次,我们特别关注模型中那些由时间依赖过程(time-dependent process)而非一阶自相关过程(first-order autoregressive process)产生的错误。第三,我们会关注当因变量和自变量的滞后项也作为解释变量被放入方程时对原步骤的修正。最后,我们会讨论使用时间序列回归分析来生成和评估预测的方法。

第 **2** 章

时间序列回归分析：
无滞后项实例

　　回归分析中有两种变量:内生变量(endogenous variable)与外生变量(exogenous variable)。内生变量(通常用 Y 表示)的值被模型所解释,通常被称作因变量。外生变量(通常用 X 表示)的值由现有模型边界之外的因素所决定,通常被称作解释变量或自变量。时间序列回归模型有两种基本形式采用了这两种类型的变量:不含滞后项(nonlagged)的模型与包含滞后项(lagged)的模型。不含滞后项的模型解释了变量之间随时间变化的关系,在这种情况下内生变量与外生变量在同一时间点被观测到。例如,我们可以假定当前美国国防开支与苏联国防开支相关联。与此相对应的是,包含滞后项的模型揭示了当前内生变量与过去时刻的内生/外生变量之间的相关性。因此,我们可以对应想象当前美国国防开支与其过去的开支加上现在和过去苏联国防开支之间的关系。在这一部分,我们会着重关注没有滞后项的时间序列回归模型。[1]

第 1 节 | 比率目标假设

为了寻找近年来美国国防开支连年上升的原因，众多学者尝试对国防政策的制定过程进行建模（比如说，Ostrom，1977，1978；Marra，1985；Ostrom and Marra，1986）。一个可能的解释着重强调了美国对苏联总体国防开支的响应。这是一个比率目标模型（ratio goal model）。该模型假设美国国防开支水平总与苏联国防开支水平保持一个比率。尽管也存在其他能够得到同样结论的理论推导过程，它们的基本模型假设是一致的：美国国防开支的确定是为确保其能够和苏联国防开支水平保持一个固定的比率。与之对应的回归等式可以被如下表达：

$$Y_t = a + bX_t + e_t \qquad [2.1]$$

在这里 Y_t 代表美国在 t 年投入在国防上的金钱数量，a 是一个常数，b 是比率目标，而 e_t 则是随机干扰项。

将用来检验这个假设的数据来自奥斯特罗姆和玛拉（Ostrom and Marra，1986：826—829）。遵循他们基本的数据收集方法，我将他们的数据扩展到了 1988 年。数据收录在本书附录。苏联的数据由中央情报局收集并由军备控制和裁军署上报。尽管苏联方面的数据序列早在 1964 年就有估计，但直到 1967 年美国的政策制定者才有途径获得。因此，X_t 代表美国政策制定者在决定国防开支水平的时候所能够获得的信息。[2]

按照理查德森（Richardson，1960：16）的说法，常数项 a 表示一系列可能的情况：如果它是正的，它代表着"根深蒂固的偏见、长期的怨恨、旧时未酬的壮志雄心或者是一直以来征服世界的梦想"；如果是负的，它则代表着"一种永恒的自满情绪"。因此，即使苏联不投入一分钱，美国仍然可能投入一个固定数额的国防开支。比率 b 代表着美国对于苏联国防开支的姿态：如果美国甘拜下风，b 小于 1.0；如果美国愿意打个平手，b 等于 1.0；如果美国希望处于优势，b 则大于 1.0。

为了检验等式 2.1 究竟在多大程度上精确地反映了美国国防开支的政策制定过程，我们可以用美国和苏联国防开支的数据进行多元回归。作为比较，我们在余下的内容中将最小二乘（OLS）回归称为简单回归。用 1967 年到 1987 年的数据所得到的回归结果如下。[3]

$$Y_t = 17.043 + 0.926X_t$$

$$(2.848) \quad (22.762)$$

$$R^2 = 0.965 \quad \text{s.e.} = 142.06 \text{ 亿美元}$$

括号里的数字为 t 比率。正如我们看到的等式 2.1 的估计结果，苏联国防开支对当前美国国防开支有着很强的正向作用。此外，因为 b 大致等于 1.0，我们可知美国在 1967 年到 1987 年之间接受与苏联保持一致的国防开支增长水平。最后，截距项的系数表示即使苏联不在国防方面做任何投入，美国也会保持一个 170 亿美元的开支水平。在标准差为

142.06 亿美元的情况下,整个模型解释了因变量 96.5% 的方差。似乎我们的数据可以支持这一版本的目标比率假设。

可是,如果每一个误差项不是独立而是相互系统性关联的,这样的估计就会出现问题。这会使我们得到的任何结论显得单薄无力。为了解决这个问题从而正确地估计这样的模型,我们有必要总结这种系统性关联的性质并把该信息整合进估计过程当中。

第 2 节 | 误差项

　　对于这一个，以及所有其他时间序列模型来说，最重要的是误差项。一个误差项被包括在一个模型中是基于如下一个或多个原因的：首先，由于我们无法得知一个特定因变量的所有影响因素，为了获得简洁的解释，常规的做法是默认有一些因素在模型中被省略。例如，我们假设苏联国防开支是美国国防开支的唯一决定因素。但是，过去美国国防开支的水平、公共舆论以及战争也非常可能影响当前美国国防开支水平。第二种误差则来自数据的收集及测量。第三种误差则来自"人类的回答有一种基本的不可预测的随机性因素，只能在方程中包括一个随机变量来捕捉"（Johnston，1984：14）。这就是误差的三种来源，我们通常假设它们的影响是非常小而且是随机的。

　　鉴于误差项的存在，我们有必要从随机性的角度来阐释美国与苏联国防开支之间的关系。即对于每一个 X_t 来说，存在一个 e_t 的概率分布，因此，我们也会得到一个 Y_t 的概率分布。基于方程的概率性质，我们有必要在最初的模型设定中引入一些有关误差项概率分布的假设。它们与误差项的均值、方差以及协方差有关。下列三个假设是最常见的：

　　1. 误差项均值为 0；

2. 误差项在所有观测值上的方差是一个常数；

3. 对应不同时间点的误差项之间不相互关联。

当然，第三个假设是最为重要的。当来自不同时间点的观测值相互关联时，上述其中一个假设便被违反了。当这种情况发生时，我们便说误差过程是"序列性相关或者自相关"（serially correlated or autocorrelated）。这些术语会在本书中交替使用。

误差项 e_t 不能被观测到，因此它必须和残差 $\hat{e}_t$ 区分开来。残差测量的是每一个因变量的观测值与其估计值的偏差。在本书，符号"^"表示参数的估计值。误差与真实的回归模型相关，而残差则是在估计过程中才出现的。

如果一个时期的随机因素对之后时期的随机因素没有影响，我们可以预计得到残差的形式表达如下，$\hat{e}_t = \hat{Y}_t - \hat{a} - \hat{b}X_t$。这与图 2.1 所表达的类似，即被观测到的残差随机分布在回归线周围。从另一方面来说，如果一个时期的因素对之后时期的因素有影响，我们会观测到残差的分布形式接近图 2.2 或图 2.3 所示。

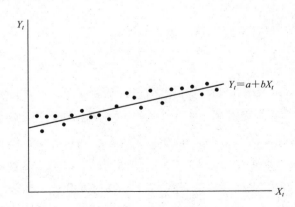

图 2.1　随机分布的残差

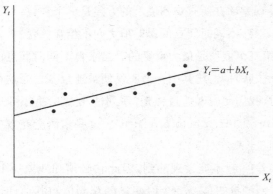

图 2.2 负向自相关残差

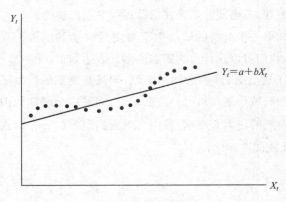

图 2.3 正向自相关残差

如果美国在时期 t 花费了很大一笔国防开支，因此 $e_t >$ 0，这会导致美国在未来的时期 $t+1$ 削减国防开支至均值以下，因此又有 $e_{t+1} < 0$。请注意这代表 e_t 与 e_{t+1} 负相关（比如说，一个变量值的高水平伴随着之后的低水平）。这种表现形式如图 2.2 所示。如果我们将 e_t 随时间变化的值表示出来，我们会观察到一个类似图 2.4 中所展现的形式。与此对

应的是，误差项的值也可以随时间呈正相关。比如说，如果存在使得立刻降低国防开支非常困难的因素，我们就能观察到一个正的 e_t 值通常也会伴随着另外一个正的 e_t 值，反之亦然。假设误差项的值部分由或产生正向影响或产生负向影响的外界因素造成，我们就有可能观察到误差项一系列正数与负数的交替。如果国防开支一旦提高就很难降低，那么高于平均水平的支出（$e_t > 0$）就会伴随着另一个高于平均水平的支出（$e_{t+1} > 0$）。同样的道理，如果因为难以凑款而出现了一次低于平均水平的支出（$e_t < 0$），我们也很可能会又一次观察到残差为负数（$e_{t+1} < 0$）。图 2.3 表现了这样的一种情况，而图 2.5 则表示出其所对应的残差值如何随时间变化。

　　为了证明以上论述，我在图 2.6 中表示了由等式 2.1 得到的回归线与残差。如图所示，图 2.6 与图 2.5 非常类似。因此，我们可以合理地认为由等式 2.1 得到的参数并不相互独立。相反，它们呈现出正向序列相关。

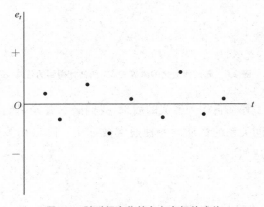

图 2.4　随时间变化的负向自相关残差

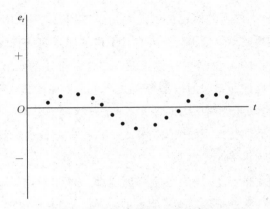

图 2.5　随时间变化的正向自相关残差

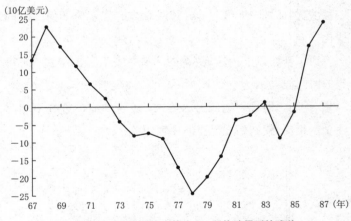

图 2.6　随时间变化的由等式 2.1 所估计得到的残差

　　为了评估自相关造成的后果，我们必须首先明确连续误差项之间关系的性质。一种通常被称作一阶自相关过程可以被表达如下：

$$e_t = p e_{t-1} + v_t \qquad [2.2]$$

其中 e_t 为时期 t 的误差项，e_{t-1} 为时期 $t-1$ 的误差项，p 是

回归系数，而 v_t 则代表一个均值为 0、方差为常数项且误差项之间相关性为 0 的随机变量。鉴于一阶自相关的存在（比如说等式 2.1 与等式 2.2 同时成立），我们会看到，虽然这不会影响所估计的参数（比如说 $\hat{a}$ 和 $\hat{b}$），这却会影响所估计的方差（比如说 $\mathrm{var}[\hat{a}]$ 和 $\mathrm{var}[\hat{b}]$）。绝大多数的计算机软件会报告出所估计的参数和它们的方差。然后这些数值被用来计算 t 比率：

$$t = \hat{b} \,/\, \sqrt{\mathrm{var}(\hat{b})}$$

而 t 比率则又被用来评估一个估计的精确性和显著性。可是，如果用来计算方差的公式不再精确，那么由其所计算出来的 t 比率也不再可靠。这样，如果一个研究者希望检验有关美国与苏联长期国防开支之间相关性的大小和方向的假设，他（她）就会遇到困难。

在这个例子中，有证据显示正向序列相关（比如说在等式 2.2 中 $p > 0$）的存在。正如我们马上就会看到的那样，这意味着 a 和 b 的方差都会被很大程度地低估。在上述例子中 $\hat{p} = 0.85$，这意味着通常用来计算的方程会将真正的方差低估多达 640%，而由此计算出的 t 比率又会通胀大约 395%。因此，当显著的自相关存在时，这显然会让我们得出错误的结论，即苏联国防开支对美国国防开支有着显著的影响。由此可见，检验虚无假设“所估计的残差之间没有相互依赖的关系”是十分重要的。由等式 2.1 所估计的残差呈现出正向序列相关的形式。显然，我们需要引入一些修正，不然的话与模型相关的一些推论便是错误的。

让我们暂时回到等式 2.1 的结果，显然简单回归的结果高估了模型的拟合程度。如果我们忽略这样的高估,那在明知其他模型也许正确的情形下却接受了目标比率模型的时候,我们也许会感到不妥。在统计学文献中,这样的情况被称为犯了第二类错误(Type Ⅱ error)。为了避免这样的问题,我们需要将误差项之间的关系公式化然后再使用那些信息重新估计等式。

　　这个简单介绍的目的在于强调问题的性质并提供一些研究自相关的依据。在这一部分的余下内容中,我们会讨论回归模型背后的假设。我们会特别关注无自相关假设及其意义,如何鉴定违反无自相关假设,p 值的估计以及如何通过转换数据来解决问题。在介绍完以上主题之后,我们会回到等式 2.1 并提出一个合适的方法来估计 a 和 b。

第 3 节 │ **时间序列回归模型**

    正如一般回归的情形,在时间序列回归模型中,时间序列分析处理随机关系,即那些在模型的设定中包含误差项的情形。这种模型最简单的形式包含两个变量,即 Y_t 与 X_t,它被称作简单时间序列模型(simple time series regression model):

$$Y_t = a + bX_t + e_t \qquad [2.3]$$

此处 Y_t 是内生变量,X_t 是外生变量,e_t 是随机误差项,a 和 b 是未知参数而下标 t 代表 X_t 和 Y_t 是一组在一段时间内等距分布的观测点。简单时间序列回归模型的完整设定包含以下基本假设(Pindyck and Rubinfeld, 1981:47):[4]

    1. 线性:Y 和 X 之间的关系是线性的;

    2. X 的非随机性:$E[e_t X_t] = 0$;

    3. 均值为 0:$E[e_t] = 0$;

    4. 方差恒定:$E[e_t^2] = \sigma^2$;

    5. 无自回归性:$E[e_t e_{t-m}] = 0 (m \neq 0)$

如上所示,使用时间序列回归模型必须基于有关模型形式、自变量与扰动项的一系列假设。我们会在余下的部分按照序号一一讨论所涉及的这些假设。

假如这些假设都被满足，我们可以根据下列公式来最优估计回归参数以及它们的方差：

$$\hat{b} = \frac{\sum_{t=1}^{T} (X_t - \overline{X})(Y_t - \overline{Y})}{\sum_{t=1}^{T} (X_t - \overline{X})^2} \qquad [2.4]$$

$$\hat{a} = \overline{Y} - \hat{b}\overline{X_t} \qquad [2.5]$$

$$\text{Var}(\hat{b}) = s_e^2 \Big/ \sum_{t=1}^{T} (X_t - \overline{X})^2 \qquad [2.6]$$

$$\text{Var}(\hat{a}) = s_e^2 \left[\frac{1}{T} + \frac{\overline{X}^2}{\sum_{t=1}^{T} (X_t - \overline{X})^2} \right] \qquad [2.7]$$

$$s_e^2 = \frac{\sum_{t=1}^{T} (Y_t - \hat{a} - \hat{b}X_t)^2}{T-2} \qquad [2.8]$$

一个最优的估计值指它是无偏的（unbiased）、有效的（efficient）和一致的（consistent）。无偏的估计值指那些估计值的期望值，比如说，$\hat{b}$ 就等于其真实值 b。如果一个 b 的估计值比其他的估计值有着更小的方差，那么它相对来说更加有效。如果当样本量趋近无穷时，一个估计值的误差和方差都趋近于 0，那么它也是一致的。总结来说，一个最优的估计值会落在其真值周围，它会有一个相对较小的分布范围，并且在样本量增大时向真值靠拢。假设我们的读者都熟悉上述估计公式的推导以及无偏性、相对有效性和一致性的各种性质（如果不是的话，请参见 Pindyck and Rubinfeld，1981：27—31），我们将把关注点放在因为违反无自相关假设而产生的问题。

前面所阐述的 5 个假设组成了经典线性回归模型。而再加上以下假设,我们就会得到经典正态线性回归模型(Pin-dyck and Rubinfeld,1981:51)。

6. 正态性:误差项呈正态分布。

这个假设只有在对模型进行统计检验的时候才必要(显著性检验比如说 t 检验)。正如平代克(Pindyck)和鲁宾菲尔德(Rubinfeld)所指出,只要"研究者相信由于测量以及遗漏变量所造成的误差非常小并且相互独立,那么这个假设就是合理的"。这个假设允许我们推导回归系数的显著性检验以及置信区间。正如约翰斯顿(Johnston,1984:15)所指出,我们也可以不对误差项的分布形式做明确假设,作为替代,我们可以援引中心极限定律(central limit theorem)来论证使用普通检验的合理性。尽管正态性假设对下面大多数讨论并不是很重要,我们有必要理解这个假设在推论过程中的作用。感兴趣的读者可以参见克赖斯特(Christ,1966:513,521)所提出的有关正态性的假设以及他对违反该假设可能造成的后果所进行的讨论。

第 4 节｜无自相关假设

尽管每一个假设都对建立简单回归估计值的特性非常重要，其中最重要的却是有关误差项的三个假设（假设 3、假设 4 和假设 5）。我们特别关注假设 3 和假设 5，由它们可以推出任何两个扰动项的协方差（比如说 $\mathrm{cov}[e_t e_{t-m}]$）等于 0。如下所示：

$$
\begin{aligned}
\mathrm{cov}[e_t e_{t-m}] &= E[e_t - E(e_t)]E(e_{t-m} - E(e_{t-m})) \\
&= E[e_t - 0]E[e_{t-m} - 0] \\
&= E[e_t e_{t-m}] \\
&= 0 \qquad\qquad\qquad\qquad [2.9]
\end{aligned}
$$

这需要假设在一个时点的误差项不与其他误差项相关。当这个假设成立时，等式 2.4、2.5、2.6、2.7 和 2.8 代表了正确的估计公式。但是，当这个假设被违反后，等式 2.6、2.7 和 2.8 便不再合适。

为了将这个推理形式化，我们必须假设误差项之间的相互关联是以一阶自回归过程的形式出现的（比如说等式 2.2）。

$$
e_t = pe_{t-1} + v_t \qquad\qquad\qquad\qquad [2.10]
$$

$$
E[v_t] = 0 \qquad\qquad\qquad\qquad\qquad\text{对于所有的 } t
$$

$$E[v_t^2] = \sigma_v^2 \qquad\qquad 对于所有的\ t$$

$$E[v_t v_{t-m}] = 0 \qquad m \neq 0 \qquad 对于所有的\ t$$

$$E[v_t e_{t-1}] = 0 \qquad\qquad 对于所有的\ t$$

$$-1 < p < 1$$

做这些假设是为了表明任何扰动都通过一个简单线性回归模型与其紧接着的值相连；每一个扰动都等于之前的扰动项加一个随机变量的一部分（因为 p 的绝对值小于1.0）。通过不断将 e_{t-1}、e_{t-2} 带入等式 2.2，我们得到下列式子：

$$
\begin{aligned}
e_t &= p e_{t-1} + v_t \\
&= p[p e_{t-2} + v_{t-1}] + v_t \\
&\;\;\vdots \\
&= p^m e_{t-m} + p^{m-1} v_{t-m+1} + \cdots + p v_{t-1} + v_t \qquad [2.11] \\
&\;\;\vdots \\
&= p^t e_0 + p^{t-1} v_1 + p^{t-2} v_2 + \cdots + p v_{t-1} + v_t \qquad [2.12]
\end{aligned}
$$

这表现出每一个扰动项 e_t 都是随机效应 v_1，v_2，$\cdots$，v_t 的一个线性函数，而初始扰动项则为 e_0（Kmenta，1986：300）。在规定 v_t 是如何设定之后，现在有必要再规定产生 e 的初始值 e_0 的程序。正如卡门塔（Kmenta，1986：300—301）所表述，一些特征描述是非常有用的：

$$E[e_0] = 0$$

$$E[e_0^2] = \sigma_v^2 / (1 - p^2) \qquad [2.13]$$

即初始扰动项均值为 0 且方差恒定。

基于等式 2.12 的特征描述，我们可以看看是否有遵循一阶自相关过程的扰动项违反了上述任何基本假设。首先，

$$E[e_t] = p^t E[e_0] + p^{t-1} E[v_1] + p^{t-2} E[v_2]$$
$$+ \cdots + p E[v_{t-1}] + E[v_t] = 0 \qquad [2.14]$$

因为所有随机变量的期望值都为 0。因此,此处扰动项的期望值为 0。接下来,请注意方差恒定假设不能被违反(Kmenta, 1986:301):

$$\mathrm{Var}[e_t] = (p^t)^2 \mathrm{var}(e_0) + (p^{t-1})^2 \mathrm{var}(v_1)$$
$$= p^{2t}[\sigma_v^2/(1-p^2)] + p^{2(t-1)}\sigma_v^2 + \cdots + p^2\sigma_v^2 + \sigma_v^2$$
$$= p^{2t}[\sigma_v^2/(1-p^2)] + \sigma_v^2[p^{2(t-1)} + \cdots + p^2 + 1]$$
$$= \sigma_v^2[p^{2t}/(1-p^2) + (1-p^{2t})/(1-p^2)]$$
$$= \sigma_v^2/(1-p^2) \qquad [2.15]$$

因此,所有的 e 有相同的方差。请注意由这条假设衍生而来的是 p 的绝对值必须小于 1.0。如果 p 值等于 1.0,e_t 的方差便是无穷大,而任意被观测到的 Y_t 都会完全由无限增大的误差项所决定(Wonnacott and Wonnacott, 1979:216)。

最后,为了检验扰动项的协方差,让我们将等式 2.11 乘以 e_{t-m} 再取期望:

$$E[e_t e_{t-m}] = p^m E[e_{t-m}^2] + p^{m-1} E[e_{t-m}v_{t-m+1}]$$
$$+ \cdots + p E[e_{t-m}v_{t-1}] + E[e_{t-m}v_t]$$
$$= p^m \mathrm{var}(e_{t-m})$$
$$= p^m \qquad [2.16]$$

只要 p 不为 0,误差项的协方差就不为 0,因此就违反了其中一个基本假设。因此,如果误差项以等式 2.10 的形式出现,除了其中一个,其他的假设都可以得到满足。唯一的例外是违反无自相关假设。

想要知道等式 2.10 代表什么，观察自回归函数是会有帮助的。自回归函数表示了不同时间点上误差项之间的关系。有 j 个时间点的误差项自回归函数 A_j 被定义如下：

$$A_j = \frac{\text{cov}[e_t e_{t-j}]}{\sqrt{\text{var}[e_t]}\ \sqrt{\text{var}[e_{t-j}]}} \qquad [2.17]$$

对于 $j = 1, 2, \cdots$ 通过式子带入会得到：

$$A_j = p^j \sigma_e^2 / \sigma_e^2$$

因为 e_t 的方差是一个常数（请注意它的协方差在等式 2.6 中被定义），所以上面的式子可以化简为

$$A_j = p^j \qquad [2.18]$$

这是一个非常重要的结果，因为它从理论上描述了有 j 个时间点、由一阶自回归过程所产生的扰动项之间的相关关系。需要注意的是自相关函数所表示的是扰动项之间的相关系数，因此它的值会落在 -1 到 1 之间。这意味着 p 指代 e_t 和 e_{t-1} 之间的相关系数，p^2 指代 e_t 和 e_{t-2} 之间的相关系数，p^3 指代 e_t 和 e_{t-3} 之间的相关系数，以此类推。此外，根据假设，$p = +1$ 或 -1 的情况不存在。最后，每当 $p = 0$，我们便会得到：

$$e_t = v_t$$
$$\text{var}[e_t] = \sigma_v^2$$
$$\text{var}[e_0^2] = \sigma_v^2$$

因为 e 的均值为 0 方差为一个常数，所以所有的基本假

设都会得到满足。

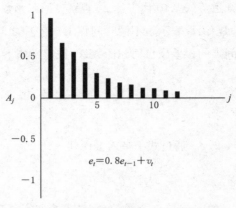

图 2.7　一阶过程的理论相关性，$p = +0.8$

因此，判断无自相关假设是否被违反的最基本的依据是看看在不涉及其他假设时，不同的随机扰动项之间是否存在样本的关联。为了检验这种相关关系的性质，我们建构一个可以提供所估计的自相关函数的以时间点（j）为横轴、自相关系数（A_j）为纵轴的图像表达是非常有帮助的。图 2.7 和图 2.8 表示了两种假设的情况。我们可以看到，当存在正向自相关（参见图 2.7）的时候，相关程度呈现平滑性指数型下降，而当存在负向相关（参见图 2.8）的时候，相关程度呈现震荡性指数型下降。

现在，我们已经研究了回归模型的基本假设并且特别关注了适用于时间序列情况下的无自相关假设。时间序列回归分析的问题来自扰动项。此处扰动项包含了大量在理论上不相干（但理应是随机的）的因素，这些因素进入了我们所研究的关系中，并很有可能随扰动项被传递到下一个时间点中。就这一点而言，卡门塔（Kmenta，1986：299）将自回归扰

动项比作弹奏乐器时的音响效果:

　　　　尽管声音在刚开始的时候最响,它却不会立刻停止。相反,在最终消失之前,它会有一阵子回响。也许这也是扰动项的性质——它的效应会在开始以后传递一段时间。但是,当一个扰动项的影响正在传递时,其他扰动项也会产生类似的效果。正如琴弦被不断的撩拨,时而重时而轻。

这样的类比与本部分所讨论的一阶自相关过程是一致的。

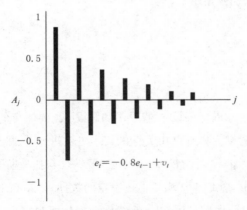

$$e_t = -0.8e_{t-1} + v_t$$

图 2.8　一阶过程的理论相关性,$p = -0.8$

　　几乎所有讨论时间序列回归分析的文章都假设一阶自相关过程产生扰动项。尽管这不是唯一的可能,但一阶自相关过程还是经常被关注,因为它在统计上容易处理而且它可以生成我们所感兴趣的过程的一个粗略近似。在讨论完违反无自相关性假设的意义之后,我们可以开始考虑其造成的后果了。

第 5 节 | 违反无自相关假设的后果

在正式讨论违反无自相关假设的后果之前,我们有必要思考一下罗纳德·旺纳科特与托马斯·旺纳科特(Wonnacott and Wonnacott,1979:206—208,212—215)所举的例子。他们提出下列简单模型:

$$Y_t = a + bX_t + e_t \qquad [2.19]$$

$$e_t = e_{t-1} + v_t$$

$$X_t = X_{t-1} + u_t$$

此处 v_t 满足假设 3、假设 4 和假设 5。要注意的是 e_t 和 X_t 都被假设为具有自相关性的,X_t 更被进一步假设为随时间逐渐增加(比如说 $E(u_t) > 0$)。罗纳德与托马斯做了如下实验:首先,他们生成满足上述设定的数据 e_t 和 X_t,进而计算出 Y_t;然后,他们利用 OLS 来模拟数据从而观察当无自相关假设被违反而 X_t 随时间增加时,观察 a 和 b 会呈现的特点。[5]

为了说明所发生的事情,罗纳德与托马斯生成了一个样本,该样本包含 v_t 的 20 个独立的值,由 $e_0 = 5$ 开始,逐渐生成 e_1,e_2,…,e_{20}。随机变量 v_t 和呈自相关的 e_t 之间的关系如图 2.9 所示。从图中我们可以清楚地看到 e_t 呈现正向自相

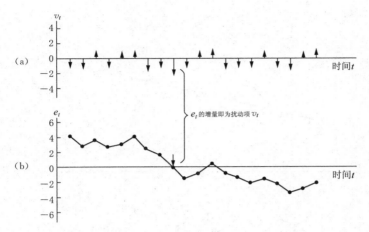

注：(a) 独立的微扰 v_t；(b) 所生成误差：$\theta_t = \theta_{t-1} + v_t$。

图 2.9　一个序列相关误差项的构建

关，因为当 e_{t-1} 为正数时，e_t 通常也是正数；当 e_{t-1} 为负数时，e_t 通常也是负数。图 2.10 则展现了真实的以及被估计出的回归线和 e_t。通过研究图 2.10，我们便知道序列相关所造成的估计困难：a 被低估了而 b 被高估了。但是，如果我们把残差值的顺序倒过来，即让它们先负后正，这时我们便会发现 a 被高估了而 b 被低估了。综上所述，误差并不会产生，因为 b 被高估和低估的概率是一样的，平均来说它会等于真值。

　　从图 2.10 中我们可以清楚地看到，真实的和被估计出的误差项之间存在显著差异，而这便是自相关所造成的问题的根源。要探究问题产生的原因，我们可以比较图 2.10 和图 2.11（图 2.11 中所拟合的模型与图 2.10 相同，但没有被设定为误差项包含自相关）。两图中的数值是非常相似的（请特别注意它们误差项的方差是一样的），唯一的区别在于一个

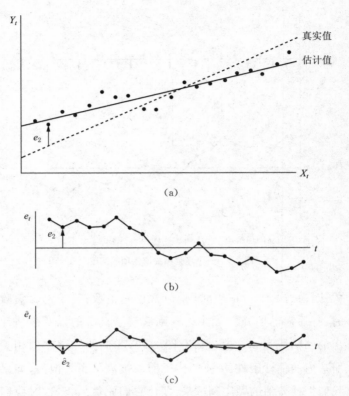

注:(a) 真实与估计的回归线;(b) 真实误差项;(c) 估计误差项。
资料来源:Wonnacott and Wonnacott, 1970:138。

图 2.10　包含序列相关误差的回归

模型展现出了序列相关而另一个没有。尽管被估计出的残差在图 2.11 中与真实的残差非常相似,在图 2.10 中却完全不是这个情况。造成这样结果的原因是非常明显的:图 2.10 中的回归线是在误差项没有自相关的假设下被拟合的。这样的结果是误差项的方差被严重低估,但被估计出的回归线却还显得比较准确。

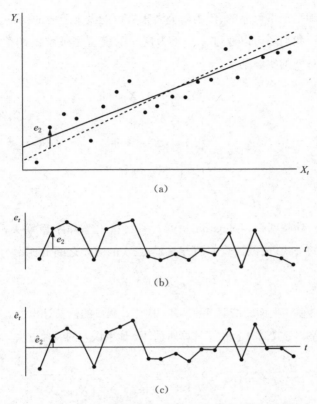

注:(a) 真实与估计的回归线;(b) 真实误差项;(c) 估计误差项。
资料来源:Wonnacott and Wonnacott,1970:139。

图 2.11　包含独立误差项的回归(但其方差与图 2.10 中的相同)

　　这样的结果告诉我们当残差存在自相关时,所估计出的回归线与数据拟合得较好,但所估计出的残差却较小。这样,所估计出的方差会严重低估真实的方差。此外,我们要记得的是所估计出的方差对于构建置信区间、进行假设检验以及计算 t 比率极为重要。所以,当误差项存在序列相关时,即使所估计出的系数显得比较可靠(小方差),它们实际上却是很不可靠的，因为研究者很有可能做出矛盾的结论。

我们还可以通过一个更为广义的模型来理解罗纳德和托马斯的实验结果。

$$Y_t = a + bX_t + e_t$$
$$e_t = pe_{t-1} + v_t$$
$$Xt = cX_{t-1} + u_t \qquad [2.20]$$

$$-1 < p < 1$$
$$-1 < c < 1$$

约翰斯顿（Johnston，1984：312）指出当样本量增大，一般的公式（用以计算 b 的方差）与真实的方差之间的比率为：

$$(1 - pc)/(1 + pc) \qquad [2.21]$$

基于上面的结果，我们可以根据 p 和 c 的值估计出方差的误差。等式 2.21 提供了计算所估计 t 比率误差的一种方法：

$$t = b/\sqrt{\operatorname{var}(b)} = \sqrt{\frac{1 - pc}{1 + pc}} \left[\frac{b}{\sigma/\sqrt{\sum_t (X_t - \overline{X})^2}} \right] \qquad [2.22]$$

表 2.1　在不同 p 与 c 取值下 a 与 b 的估计值

误差项的自相关(p)	\		外生变量的自相关(c)		
	−0.4	0	0.4	0.6	0.8
			斜率的系数 b		
−0.4	1.4	1	0.7	0.6	0.5
0	1.0	1	1.0	1.0	1.0
0.4	0.8	1.1	1.5	1.8	2.1
0.6	0.8	1.2	1.9	2.6	3.6
0.8	1.2	1.7	3.4	6.0	11.0

误差项的自相关(p)	外生变量的自相关(c)				
	截距的系数 a				
−0.4	0.4	0.4	0.4	0.4	0.5
0	1.0	1.0	1.0	1.0	1.0
0.4	2.5	2.5	2.5	2.5	2.6
0.6	4.6	4.7	4.8	4.8	5.0
0.8	14.0	15.0	16.0	18.0	22.0

资料来源：Malinvaud，1970：522。

因此，如果 $c=p=0.85$，$(1+0.73)/(1-0.73)=6.41$，所以说真正的方差被低估了 641%。此外，$\sqrt{\dfrac{(1-0.73)}{(1+0.73)}}=0.395$，这意味着真正的 t 比率被高估了 395%。由此可见，如果我们使用 t 比率进行假设检验，我们会更容易拒绝变量不存在影响这个虚无假设。这会使我们在存在强正向序列相关的时候对结果夸大。

　　更糟糕的是，有时候情况会比上面的例子还要严重。因为有时候所估计的方差也会存在误差。事实上当 e 自相关的时候，OLS 得到的残差很可能会低估。正如约翰斯顿（Johnston，1984：313）所表示的，

$$[T-1]E[s^2]=\sigma^2\{T-[(1+pc)/(1-pc)]\}$$

$$[2.23]$$

因此，如果 $p=c=0.85$ 而 $T=21$，$E[s^2]=0.730\sigma^2$；因此，真实的方差被低估了 27%。因为上述两种误差的作用都是一个方向的，所以我们可以知道当一个模型包括自相关的误差项时，简单 OLS 用以计算方差的公式（等式 2.8）会进一步导致所估计的系数方差（等式 2.6 和等式 2.7）产生偏误。需要

注意的是，当样本量不断增大的时候，s^2 的误差会变得不那么严重。

表 2.1 复制了马兰沃（Malinvaud，1970：522）的实验结果。在该实验中，马兰沃给出了在 p 和 c 取不同的值的时候（其中包括了 s^2 的影响），$\hat{a}$ 和 $\hat{b}$ 的误差情况。请注意的是当 X_t（比如说 $c=0$）不存在自相关时，即使 p 值很大，$\hat{b}$ 的误差也很小。然而，这也不会让我们感到宽慰，因为马兰沃强调：

> 大多数作为外生变量被引入的数值的演化都是平滑的。它们基本上都高度自相关。因此，我们必须记得的是只要误差项存在严重的序列相关，一般公式都会严重地高估结果。（Malinvaud，1970：522）

我们需要注意的是，对于绝大多数有关政治或者经济的数据来说，序列相关都应该是正向的，因为相同的随机变量往往对至少两个（甚至可能更多的）连续时期的误差产生作用。因此，我们应该同时注意误差项与自变量存在正向自相关的可能性。

由上述内容可知，当扰动项存在自相关时，用来假设检验以及计算置信区间的常规公式很可能会导致错误的推论。此外，因为自相关往往是正向的，常规公式所计算出来的可接受区域或者置信范围往往会比实际的区域或范围窄。因此，当所研究的模型呈现正向序列相关时，我们很容易错误地得到结论说一个变量会产生显著的因果影响。而希布斯还讨论说自相关可能还会造成更有危害的影响：

　　尽管在存在序列相关的情况下使用 OLS 回归不一定会带来灾难性的后果……毕竟,OLS 所估计的参数是无偏的。更棘手以及更典型的情况却发生在当研究者面对来自多个竞争性假设或同等可信的替代性功能项的众多等式的时候。假定这类研究中的自变量都存在共线性,基于受不同程度误差影响的 t 和 F 值选择变量或整个等式将严重损害因果推论模型的建立过程。在这类时间序列分析中,我们应该非常清楚地认识到自相关不再仅仅是涉及估计精确性的小问题:如果复杂多元回归模型的逐步建立是基于存在偏误并且不可靠的决定法则,那么估计误差也许会累积并大大超过对单一等式的一次分析时所产生的误差。(Hibbs,1974)

由此可见,自相关确实可以对研究者实证分析的推论质量产生重要的影响。

第6节 | 自相关的常规检验

　　鉴于自相关为使用简单的 OLS 带来如此严重的后果，检验自相关是否存在于一个特定样本中就变得特别重要。如果一个研究者不清楚或不愿意假设所研究的误差存在或不存在自相关，他（她）有必要回到样本当中寻找更多信息。具体来说，以下假设需要被检验：

$$H_0 : p = 0$$

以及其替代性假设

$$H_A : p > 0$$

　　第二个假设被提出是基于前文所讨论的正向自相关是最有可能出现的情况。因为负向自相关也有可能出现，我们因此也会讨论它的检验。

　　对于大样本来说，有许多检验可供研究者选择。它们往往适用于由 OLS 回归所计算出的残差（比如说，$\hat{e}_t = Y_t - \hat{a} - \hat{b}X_t$）。对于每一个检验来说，一个最基本的问题在于：所估计的残差是随机分布的吗？具体来说，可以使用的检验有两种类型（Judge et al.，1985：319—330）：（1）自由分布检验（distribution-free tests）；（2）基于理论分布的检验（tests based on theoretical distributions）。鉴于后者更被经常使用因而应用更广，我们将不就自由分布检验做过多分析。

基于理论分布最常使用的检验为 Durbin-Watson d-统计值：

$$d = \frac{\sum_t (\hat{e}_t - \hat{e}_{t-1})^2}{\sum_t \hat{e}_t^2} \qquad [2.24]$$

此处为 OLS 回归所产生的残差。我们可以清楚地看到，当正向自相关存在的时候，分子（比如说 $\hat{e}_t - \hat{e}_{t-1}$）的值相对分母的值来说会比较小，而当负向自相关存在时则会出现相反情况。因此，d 值在存在正向自相关时较小，在存在负向自相关时较大，而在残差呈随机分布时大小居中。

如果我们假设 $\hat{e}_t = p\hat{e}_{t-1} + v_t$，（Kelejian and Oates，1981：214）那么作为等式 2.24 的一般形式则有如下表达：

$$d = \frac{2\mathrm{var}(\hat{e}) - 2\mathrm{cov}(\hat{e}_t \hat{e}_{t-1})}{\mathrm{var}(\hat{e}_t)}$$

根据前面的结果，这可以得到

$$d = \frac{2s^2 - 2ps^2}{s^2} \qquad [2.25]$$

$$d = 2(1 - p)$$

反过来，这也表示

$$p = 0 \text{ 即 } d = 2$$
$$p = -1 \text{ 即 } d = 4$$
$$p = 1 \text{ 即 } d = 0$$

需要注意的是这些仅仅是近似，因为 Durbin-Watson 法的抽样分布取决于 X_t 具体的值（Johnston，1984：315）。这样，Durbin-Watson 法就为 d 的显著范围设定了上限（d_u）和下限（d_1）。这就为我们提供了检验无自相关假设（对应的替代性假设为存在正向一阶自相关）的途径。在存在正向自相关时决策规则如下（Kmenta，1986：329）：

$$如果 d < d_1 \qquad\qquad 拒绝 H_0$$
$$如果 d_u < d \qquad\qquad 不能拒绝 H_0$$
$$如果 d_1 <= d <= d_u \qquad\qquad 不能确定$$

如果假设是存在负向一阶序列相关，那么决策过程则为（Kmenta，1986：329）：

$$如果 4 - d_1 < d \qquad\qquad 拒绝 H_0$$
$$如果 d < 4 - d_u \qquad\qquad 不能拒绝 H_0$$
$$如果 4 - d_u <= d <= 4 - d_1 \qquad\qquad 不能确定$$

这些决策过程在图 2.12 中以图形化的形式被表现出来。约翰斯顿（Johnston，1984）在附录 5-B 中报告了当样本量由 6 到 200 逐渐增大、最多包含 10 个自变量时，根据 Durbin-Watson 等式所计算出的 5% 和 1% 的上限和下限。

贾奇及同事（Judge et al.，1985：323）就如何采用一种数字的方法来计算 Durbin-Watson 的特定值进行了深入的讨论。当无法计算特定关键值的时候，一种较为推荐的保守策略是采用上限值。这样即使 d 值落在不能确定的区域，虚无假设仍然被拒绝。

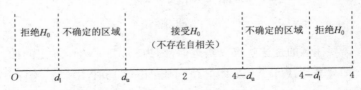

资料来源：Kelejian and Oates，1974：202。

图 2.12　Durbin-Watson d 取值的五个区域

在进行有关序列相关是否存在的检验之后,我们应该采取什么措施呢? 如果没有迹象表明序列相关确实存在,那我们可以接受 OLS 的估计,不必担心损失效度或者所估计的残差中存在误差。如果确有迹象表明存在显著的自相关,我们有理由存在顾虑:这时研究者应该采用在之后两个部分会讨论到的那些估计方法。最后,如果检验的结果不确定,我们可以采取措施也可以不采取措施。根据后果的严重程度,我们可以在任何 $d < d_u$(当序列相关为正向的时候)的时候使用 d_u 进行纠错。

总的来说,一共有四个相关的方面需要被强调。首先,无论在什么时候使用 Durbin-Watson 检验,我们都有必要在模型中加入一个常数项(Johnston,1984:316)。其次,我们还应该清楚 Durbin-Watson 检验并不适用于有一个或多个解释变量是滞后内生(比如说因变量)变量的情况(Nerlove and Wallis, 1966)。我们会在本书的下一个重要章节就此原因进行更多的讨论。第三,正如格里利谢斯和拉奥(Griliches and Rao, 1969)所述,基于蒙特卡洛实验(Monte Carlo Experiment),当扰动项是由一阶自回归过程产生并且 $p > 0.30$ 时,OLS 就需要被一种替代性估计方法(在接下来两部分会有阐述)所取代。最后,如果所研究的回归模型包含多于一个的外生变量,Durbin-Watson d 统计值便需要得到有多少个解释变量的信息。

当采用 Durbin-Watson d 统计值来表示等式 2.1 的估计值时,我们会得到 0.293。要判断该数值是否与无正向序列相关的虚无假设相一致,我们有必要先确定当 $T=21$ 且 $k=2$ 时 d_u 和 d_1 的值。通过查阅标准化表格,我们会得到在 0.05

置信区间水平上的下限和上限:1.221 和 1.420。因为 d 值小于下限,所以从图 2.12 中我们可以清楚地拒绝虚无假设。假如我们采用的是在 0.01 水平上的置信区间,那么我们得到的上限和下限分别为 0.975 与 1.151,d 值也会处于下限之下。这些 Durbin-Watson 检验的结果证实了我们的猜想,即图 2.6 所表示的残差呈正向序列相关。

第 7 节 | 一种替代性的估计方法

凯勒吉安与奥茨(Kelejian and Oates,1988)提供了以下有关自相关问题的一般概括。

> 有关自相关问题的一般特征现在已经很明了了。当自相关存在时,我们会在连续观察值的扰动项中得到系统性变化。这种变化的形式本身并不会造成参数的有偏估计,但是,此时计算方差的公式不再成立,因此在没有进一步结果的情况下,我们无法检验假设并得到置信区间。我们原先的步骤明显偏离了理想状况……如果扰动项中产生的变化存在一定的规律,那我们就可以把这些附加信息加入计算当中从而更好的进行估计与预测。

为了这样做,我们有必要回到最初所思考的基本模型当中:

$$Y_t = a + bX_t + e_t \qquad [2.26]$$
$$e_t = pe_{t-1} + v_t$$

$$-1 < p < 1$$
$$E[v_t] = 0; \; E[v_t^2] = \sigma_v^2$$

我们需要进一步假设 p 是已知的。现在我们将等式 2.26 滞后,再乘以 p 从而得到:

$$pY_{t-1} = pa + pbX_{t-1} + pe_{t-1} \qquad [2.27]$$

再将等式 2.26 与等式 2.27 相减得到:

$$(Y_t - pY_{t-1}) = (a - pa) + (bX_t - pbX_{t-1}) + (e_t - pe_{t-1}) \qquad [2.28]$$

从等式 2.26 可知 $v_t = e_t - pe_{t-1}$,我们将其代入等式 2.28 可得:

$$(Y_t - pY_{t-1}) = a(1-p) + b(X_t - pX_{t-1}) + v_t$$

或

$$Y_t^* = a^* + bX_t^* + v_t \qquad [2.29]$$

其中

$$Y_t^* = (Y_t - pY_{t-1})$$
$$X_t^* = (X_t - pX_{t-1})$$
$$a^* = a(1-p)$$

在判定这是一个 Cochrane-Orcutt 转换之后,卡门塔(Kmenta, 1986:303)指出了这种转换的主要缺点:因为数据中 Y_0 和 X_0 通常是不存在的,所以每进行一次这样的转换,观测值就会减少一个。

现在等式 2.29 就被表示为一种标准的回归格式了。尤其需要指出的是,其中 v_t(不像 e_1)满足所有的基本假设。将最小二乘法应用于等式 2.29 可以得到如下有关 $\hat{a}$、$\hat{b}$、$\mathrm{var}(\hat{a})$ 以及 $\mathrm{var}(\hat{b})$ 的估计[6]:

$$\hat{a} = (1/1-p)[\overline{Y_t^*} - b\,\overline{X_t^*}] \qquad [2.30]$$

$$\hat{b} = \sum\nolimits_{t=2}^{T} Y_t^{**} X_t^{**} / \sum\nolimits_{t=2}^{T} (X_t^{**})^2 \qquad [2.31]$$

$$\mathrm{Var}(\hat{a}) = \frac{s^2}{(1-p)^2}\left[\frac{1}{T-1} + \frac{(X_t^{**})^2}{\sum_t (X_t^{**})^2}\right] \qquad [2.32]$$

$$\mathrm{Var}(\hat{b}) = s^2 / \sum\nolimits_t (X_t^{**})^2 \qquad [2.33]$$

此外,s^2 可以按照以下公式被计算出来:

$$s^2 = \frac{\sum[Y_t^* - \hat{a} - \hat{b}X_t^*]^2}{T-3} \qquad [2.34]$$

其中 $T-3$ 显示观测值是如何在转换的过程中被删减的。大家可以将这些估计值与前面部分的估计值相比较。

有人指出如果对第一个观测值做出如下转换,观测值的数量可以被完全恢复:

$$\sqrt{(1-p^2)}\,Y_1 = Y_1 - Y_0 \qquad [2.35]$$

$$\sqrt{(1-p^2)}\,X_1 = X_1 - X_0$$

因为其中 Y_0 和 X_0 都是不可观测的。卡门塔(Kmenta,1986:304)将其称为 Prais-Winsten 转换。当一种转换被标识为一种 Cochrane-Orcutt 或者 Prais-Winsten 转换时,用户应该注意所使用的计算机软件是如何处理第一个观测值的。

以上对 $\hat{a}$、$\hat{b}$、var($\hat{a}$)以及 var($\hat{b}$)的估计与由此计算得到的 s^2 都是有效的。这样,我们就找到了一种具有令人满意的特性的估计方法,从而可以将有关误差项之间关系的信息纳入估计过程之中。我们所做的就是首先假设有一种具体形式的过程产生自相关的残差项(比如说,一阶自相关过程),然后将包含自相关误差的回归模型转换成另一种能够满足简单模型所有假设的形式,最后再采用 OLS 方法估计进行转化之后的数据。具体来说,变量的转化是用如下方法得到的(Kmenta,1986:304):

$$Y_t^* = \sqrt{(1-p)^2}\,Y_1 \qquad\qquad t=1$$

$$Y_t^* = Y_1 - pY_{t-1} \qquad\qquad t=2,3,\cdots,T \qquad [2.36]$$

$$X_1^* = \sqrt{(1-p)^2}\,X_1 \qquad\qquad t=1$$

$$X_t^* = X_1 - pX_{t-1} \qquad\qquad t=2,3,\cdots,T$$

然后直接对因变量与自变量进行回归分析,这样可以将误差转化成为

$$e_t^* = e_t - pe_{t-1} \qquad\qquad t=2,3,\cdots,T$$

因为我们假设呈现一阶自相关形式,修正模型的误差项就变为:

$$e_t^* = pe_{t-1} + v_t - pe_{t-1} \qquad\qquad [2.37]$$
$$= v_t$$

此外,因为我们假定 v_t 满足假设 3、假设 4 与假设 5,所以修正模型相应地也会满足这些假设。

这里转化数据并采用 OLS 估计所转化数据的方法一般被称为广义最小二乘法(Generalized Least Squares,简称 GLS)。由于理解广义最小二乘估计的推导过程需要超出本书所要求的数学技巧,所以我们在此不就该估计进行推导。然而,如上所示,在对数据进行转化并采用 OLS 进行估计的过程中,GLS 可以得到 a 和 b。其中唯一的条件就是 GLS 假

设我们知道产生干扰项的过程以及该过程中的参数。就我们目前的例子而言,我们需要知道其中的过程是一个一阶自相关过程以及参数 p 的值。我们只有知道这些必需的信息,才可以使用 GLS 估计方法。如果我们缺乏这些使用 GLS 估计的必要信息(大多数情况都是这样),我们可以决定产生误差的过程的性质、估计其参数(如果是一阶自相关过程,便是 p)、然后再转化数据并使用 OLS。雷奇和同事(Judge et al., 1985)将这种方法称作受估广义最小二乘法(Estimated Generalized Least Squares,简称 EGLS)。

第 8 节 | EGLS 估计(以一阶自相关过程为例)

对于包含一阶自相关的模型来说,有许多方法可以进行 EGLS 估计,其中 5 种会在本节进行讨论,另外一种会在下一节进行讨论。理论上来说,这些技术的主要不同在于对参数 p 的估计、对时间序列的第一个观测值的处理以及对特殊计算机程序的需求。

Cochrane-Orcutt 法

正如卡门塔(Kmenta, 1986:314—316)所描述,Cochrane-Orcutt 法包含以下步骤:

1. 获取如下方程的 OLS 估计:

$$Y_t = a + bX_t + e_t \qquad [2.38]$$

并计算所估计得到的残差 $\hat{e}_1$, $\hat{e}_2$, …, $\hat{e}_T$。再使用这些值获取一个 p 的"第一轮"估计值 $\hat{p}$。$\hat{p}$ 可以被定义如下:

$$\hat{p} = \sum \hat{e}_t \hat{e}_{t-1} / \sum \hat{e}_{t-1}^2 \qquad t = 2, 3, …, T \qquad [2.39]$$

2. 利用等式 2.29 构建 Y_t^* 与 X_t^*,再获取如下等式的

OLS 估计:

$$Y_t^* = a^* + bX_t^* + \tilde{e}_t \qquad [2.40]$$

这些第二轮的估计值被称为 $\tilde{a}$ 与 $\tilde{b}$ 并由此又可以得到第二轮的残差 $\tilde{e}_1$, $\tilde{e}_2$, $\cdots$, $\tilde{e}_T$(此处 $\tilde{e}_t = Y_t - \tilde{a} - \tilde{b}X_t$)。然后我们又可以通过这些数值得到 p 的一个新的估计值 $\tilde{p}$,

$$\tilde{p} = \sum \tilde{e}_t \tilde{e}_{t-1} / \sum \tilde{e}_{t-1}^2 \qquad t = 2, 3, \cdots, T \quad [2.41]$$

3. 使用 $\tilde{p}$ 而不是 $\hat{p}$ 构建新的变量 Y_t^* 与 X_t^*,然后再重复步骤 2。

这个过程可以一直持续下去直到估计量的值收敛,即直到我们在一轮又一轮的估计中得到相同的参数值。

如果没有办法获取专门的计算机软件,卡门塔介绍说有一个两步的 Cochrane-Orcutt 方法(只包含上述步骤 1 和步骤 2)拥有诸如迭代过程那样的大样本特性,以及使用任何 OLS 程序都可以进行计算的优点。比如说,我们可以使用 SPSS 软件(Statistical Package for the Social Sciences)。$\hat{e}_t$ 可以通过 $Y_t - \hat{a} - \hat{b}X_t$ 和一个 COMPUTE 命令计算得到,而 $\hat{e}_{t-1}$ 可以通过代入滞后项得到。我们还可以通过使用等式 2.32 和等式 2.33 且将 p 替换为 $\hat{p}$,从而获得对 $\hat{a}$ 和 $\hat{b}$ 标准差的估计值。

Hildreth-Lu 法

Hildreth-Lu 法可以同时估计模型中所有的参数。希尔德雷思和卢(参见 Kmenta, 1986:315)提出以下等式(等式 2.29):

$$(Y_t - pY_{t-1}) = a(1-p) + b(X_t - pX_{t-1}) + v_t$$

其 a、b、p 和 σ^2 未知。基于这个等式,希尔德雷思和卢提出了下面的方法:

1. 假设 p 未知。在这种情况下,我们可以直接使用等式 2.30 和等式 2.31 计算出 a 和 b 的 GLS 估计。这些估计值,比如说 $\hat{a}$ 和 $\hat{b}$,可以进一步被用来计算 s^2。计算过程可以被表达如下:

$$s^2 = \frac{1}{T-2} \sum_t [(Y_t - pY_{t-1}) - \hat{a}(1-p) - \hat{b}(X_t - pX_t)]^2$$

$$[2.42]$$

在这种情况下,p 的不同取值便会得到不同 $\hat{a}$、$\hat{b}$ 和 s^2 的值。

2. 尝试 p 的不同取值,比如说 -0.95、-0.90、-0.85、$\cdots$、0.85、0.90、0.95 并选择可以获得最小 s^2 取值的 p 值(以及其对应的 a 和 b 值)。

当方程(基于一个特定的 p 值)残差的平方和最小时,我们便获得了所需要的解。$\hat{a}$ 和 $\hat{b}$ 的标准差可以在将 p 替换为 $\hat{p}$ 之后通过 GLS 公式(等式 2.32 和等式 2.33)计算得到。Hildreth-Lu 法的估计值可以通过时间序列过程(Time-Series Processor,简称 TSP)的软件获得,研究者需要设定模型以及供选择的不同 p 值。需要注意的是 Hildreth-Lu 过程会"丢失"时间序列的第一个观测值。

Prais-Winsten 法

Prais-Winsten 估计值之所以非常重要,是因为它代表了将第一个观测值整合进估计过程的最初尝试(Kmenta,1986:318)。尽管 Prais-Winsten 方法的数学基础超过了本书的范围,卡门塔(Kmenta,1986:319)仍介绍了如下步骤:

1. 获得如下等式的 OLS 估计值:

$$Y_t = a + bX_t + e_t$$

并计算所估计的残差值 $\hat{e}_1$、$\hat{e}_2$、$\cdots$、$\hat{e}_T$。

2. 将下列表达式最小化从而获得 $\hat{p}$ 的估计值:

$$S^* = (1 - \hat{p}^2)\hat{e}_1^2 + \sum(\hat{e}_t - \hat{p}\hat{e}_{t-1})^2 \qquad [2.43]$$

并得到 $\hat{P}_{pw} = \sum \hat{e}_t\hat{e}_{t-1} / \sum \hat{e}_{t-1}^2$。

3. 将 p 替换为 $\hat{p}_{pw}$ 之后,对以下等式进行 OLS 估计:

$$(Y_t - \hat{p}_{pw}Y_{t-1}) = a(1 - \hat{p}_{pw}) + b(X_t - \hat{p}_{pw}X_{t-1}) + v_t$$

$$[2.44]$$

4. 一直继续这个过程直到模型收敛。

卡门塔(Kmenta,1986:319)还指出 Prais-Winsten 估计法经常被看作一种非线性最小二乘估计法(Nonlinear Least Squares Estimators)。这种估计方法可以在 SAS 的 AUTOREG 安装包或 SPSS(PC+或大型主机)的 TRENDS(使用 AREG 步骤)中找到。需要注意的是 Prais-Winsten 步骤可能会在第一次迭代之后停止(这被称为两步 Prais-Winsten 法)或一直持续直到完成收敛(这被称为迭代性 Prais-Winsten 法)。

完全最大似然(Beach-McKinnon)法

尽管 Prais-Winsten 法囊括了所有的观察值并且是一种

最大似然估计法,它的似然方程却并不包含 $1-p^2$(Johnston,1984:325—326)。为了解决这个问题,Beach-McKinnon 完全似然估计法被研发出来。区别于 Prais-Winsten 法使用条件性最大似然估计,Beach-McKinnon 法以完全最大似然估计而著称。Beach-McKinnon 法的估计值可以通过 TSP 或 SHAZAM 计算得到。而 SPSS TRENDS(使用 AREG 步骤)也可以进行最大似然估计。

一阶差分(First Differences)法

在过去的一些年里,一阶差分法是一种被广泛用以处理自回归问题的方法。[7] 使用这个方法,我们首先假设 $p=1$,再将原始数据转化为一阶差分($Y_t - Y_{t-1}$ 以及 $X_t - X_{t-1}$),再使用 OLS 估计以下等式:

$$(Y_t - Y_{t-1}) = a^* + b(X_t - X_{t-1}) + (e_t - e_{t-1}) \quad [2.45]$$

需要注意的是,因为

$$Y_t = a + bX_t + e_t$$
$$Y_{t-1} = a + bX_{t-1} + e_{t-1}$$

所以有 $a^* = 0$ 以及 $v_t = e_t - e_{t-1}$。这种方法背后的假设为 p 的真值接近于 1.0。此外,我们也不打算估计出 a 的值。卡门塔 Kmenta, 1986:321—322)详细地说明了为什么除非 p 值真正接近 1.0,一阶差分法并不被推荐使用。因为如果这个假设不成立,该估计过程会导致错误的推论。一阶差分法的优点在于它不需要单独估计 p。但鉴于计算机程序的普及,我们已经没有必要再使用一阶差分法来解决序列相关的问题了。

第 9 节 | 小样本特性

至少在理论上我们已经证明了上述各种多阶段估计方法比简单 OLS 估计更加有效(Johnston,1984:326)。但这留下了两个额外的问题未被回答:(1)在小样本中也能观察到这种有效性的增加吗?(2)对于不同的估计值,小样本中的有效性会有所不同吗? 因为决定这些估计值抽样分布的原因非常复杂,所以对于存在自相关误差项的模型来说,回归系数的替代性估计值的小样本特性大多是未知的。我们可以通过试验不同的抽样分布来了解这些估计值在小样本时的表现。但是,这仅仅可以在特定模型以及特定误差总体中使用。因为与一种概率游戏相似,这种抽样实验方法被称为"蒙特卡洛实验"。

为了给使用不同 EGLS 方法的用户提供一些实用的建议,我会介绍卡门塔(Kmenta,1986:323)总结的几个蒙特卡洛研究:

1. 除非$|p|$值特别小(比如说,小于 0.3),Prais-Winsten 或最大似然估计的表现要好于最小二乘估计。

2. 那些忽略掉第一个转换之后观测值的估计方法大多要逊色于那些包括第一个观测值的估计方法。(具体来说,Cochrane-Orcutt 估计大多逊色于完全最大似然估计。)

3. 迭代通常能够提高一种估计方法的表现。

4. 即使是应用在已经转化之后的数据上,显著性检验仍然可能是不可靠的。

鉴于使用 EGLS 过程的主要目的在于解决显著性检验中的问题,我们需要进一步考虑上述第四点。约翰斯顿(Johnston,1984:326—327)总结了一系列如下发现:

> ……观测各种估计方法在假设检验过程中,在 0.05 显著水平上每 1 000 次试验犯第一类错误(type I error)的次数。尽管他们只报告了存在正向自相关时的结果,但其所传递出的信息是非常明确的。所有的估计方法都会严重低估标准误,这使所估计出的系数比真实情况要更显著。这样的情况发生在 OLS 估计中,是在我们意料之中的,但即使是对于两阶段 Prais-Winsten 法(2SPW),迭代性 Prais-Winsten 法(ITERPW)和 Beach-McKinnon ML 法(BM)来说,同样的问题也十分严重。对于一个样本量为 20、p 值等于 0.8 的样本来说,如果使用 GNP 作为一个趋势性解释性变量,各种方法发生第一类错误的次数分别为 449 次(OLS)、251 次(2SPW)、246 次(ITERPW)和 258 次(BM)。
>
> 这些数字需要一个理想状态下的区间(37 到 63)进行参照。因此,研究者们应该被建议使用比平常更加严格的显著性水平来检验存在自相关误差项的模型的系数。

如果我们听从约翰斯顿的建议,那我们最好在挑选显著性水平的时候表现得保守一些。尽管 EGLS 方法比直接应用 OLS 要有很大的进步,我们仍然应该在时间序列回归的情况下特别谨慎地进行推论。

第 10 节 ┃ **比率目标假设再回顾**

等式 2.1 表示了一个模型，该模型表示美国与苏联的国防开支水平相互关联。所估计的参数以及相关统计值已经在较早前报告过。Durbin-Watson 检验表明所估计出的残差中存在显著的序列相关。这使我们可以得出结论说，因为自相关是正向的，之前模型的整体拟合程度被夸大了。为了解决这个问题，我们应该使用上一部分所讨论过的其中一个 EGLS 方法。

为了进一步比较，之前讨论过的五种方法被重新拿来估计等式 2.1。这次再检验的结果被展现在了表 2.2 中。在讨论具体结果之前，让我阐述一下每一个估计值是如何得到的。

两步 Cochrane-Orcutt 法

至少存在两种不同方法得到这种估计值。首先，利用 SPSSPC＋，一个研究者可以用两步获得 EGLS 估计值。

第一步，利用下面的命令来计算所估计的残差以及估计值：

```
REGRESSION VARIABLES = US USSR
```

```
/ DEPENDENT = US

/ ENTER = USSR

/ RESIDUALS = DURBIN

/ CASEWISE = ALL

/ SAVE = RESID (EHAT).

COMPUTE LAGEHAT = LAG (EHAT).

REGRESSION VARIABLES = EHAT LAGEHAT

/ DEPENDENT = EHAT/ORIGIN

/ ENTER = LAGEHAT

/ RESIDUALS = DURBIN

/ CASEWISE = ALL.
```

第二步,下面这些命令可以产生 EGLS 估计:

```
COMPUTE LAGUS = LAG (US)

COMPUTE GUS = US − .89 ∗ LAGUSSR.

REGRESSION VARIALBES = GUS GUSSR

/ DEPENDENT = GUS

/ ENTER = GUSSR

/ RESIDUALS = DURBIN.
```

同样的估计值可以通过以下命令使用 TSP 自动获得:

```
AR1 (METHOD = CORC, MAXIT = 1) US C USSR;
```

这个估计值也可以通过以下命令使用 SPSS TRENDS
自动获得:

```
AREG US WITH USSR/METHOD = CO/MXITER = 1.
```

表 2.2　等式 2.1 的 EGLS 结果

EGLS 估计方法	$\hat{a}$	$\hat{b}$	$\hat{p}$	D-W
Cochrane-Orcutt 法				
2 步(SPSS)	7.200	0.991	0.890	1.199
	(0.233)	(8.105)		
Cochrane-Orcutt 法				
2 步(TSP)	8.801	0.981	0.890	1.224
	(0.280)	(7.900)		
2 步(SPSSX AREG)	6.750	0.996	0.753	0.920
	(0.439)	(12.521)		
Cochrane-Orcutt 法				
迭代性(TSP)	5.837	0.997	0.847	1.203
	(0.263)	(9.750)		
迭代性(SPSSX AREG)	5.907	0.999	0.792	0.938
	(0.338)	(11.269)		
Hildreth-Lu 法(TSP)	5.834	0.997	0.842	1.203
	(0.264)	(9.758)		
Prais-Winsten 法				
2 步(SAS)	19.280	0.941	0.754	*
	(1.791)	(14.204)		
2 步(SPSSX AREG)	19.280	0.941	0.754	0.956
	(1.791)	(14.204)		
Prais-Winsten 法				
迭代性(SAS)	22.004	0.936	0.843	*
	(1.582)	(11.718)		
迭代性(SPSSX AREG)	22.017	0.936	0.843	1.111
	(1.581)	(11.708)		
最大似然法(TSP)	23.802	0.932	0.876	1.164
	(1.544)	(11.026)		
(SPSSX AREG)	23.500	0.932	0.871	*
	(1.515)	(10.877)		

注:* 程序无法为这一类估计提供 Durbin-Watson d 值。
　　括号中的为 t 比率。

迭代性 Cochrane-Orcutt 法

尽管我们可以继续使用 SPSSPC＋进行多次迭代,更合理的办法是采用可以进行迭代的程序软件。比如说,下列 TSP 命令便可得到迭代性 Cochrane-Orcutt 估计:

```
AR1 (METHOD = CORC, MAXIT = 20, TOL = .001) US C USSR;
```

而在 SPSSX TRENDS 中,则可以使用以下命令:

```
AREG US WITH USSR/METHOD = CO.
```

Hildreth-Lu 法

Hildreth-Lu 法的估计值可以使用下列命令通过 TSP 程序获得:

```
AR1 (METHOD = HILU RMIN = .01 RMAX = .99 RSTEP = .001) US C
USSR;
```

Prais-Winsten 法

两步迭代性 Prais-Winsten 法的估计值可以使用下列命令通过 SAS 计算机程序获得:

```
PROC AUTOREG;
MODEL US = USSR/NLAG = 1 METHOD = YW;
MODEL US = USSR/NLAG = 1 ITER ITPRINT METHOD = YW;
```

在 SPSS TRENDS 中,我们可以通过下面的命令得到 Prais-Winsten 法的估计值:

AREG US WITH USSR/METHOD = PW.

Beach-McKinnon 完全最大似然估计法

Beach-McKinnon ML 法的估计值可以使用下面命令通过 TSP 计算机软件获得：

AR1（METHOD = ML）US C USSR；

在 SPSS TRENDS 中，我们则可利用下面命令：

AREG US WITH USSR/METHOD = ML.

正如我们在表 2.2 中所看到的，使用这些 EGLS 方法会得到非常相似的结果。它们都得到一个相对较小的正向常数项以及一个介于 0.932 与 0.999 之间的斜率。最显著的变化在于，相比较从 OLS 得到的值，EGLS 方法得到的 $\hat{b}$ 的 t 比率下降了将近一半。尽管由于 p 值很高，X_t 的影响被夸大了，但仍然有足够的证据显示美国确实在回应苏联的国防开支水平。介于 $\hat{p}$ 值接近 0.85，我们可以知道 OLS 估计显著的低估了真正的方差（参见等式 2.21）。如果我们草率地忽视序列相关，我们就会夸大目标比率模型的解释力。

EGLS 估计引起关注的一个重要特性在于其 GLS 估计之后得到的 Durbin-Watson 检验的统计值 d。正如我们所看到的，它们中的绝大多数要大于在 0.01 置信区间上的上限 1.161，但都比在 0.05 置信区间上的上限 1.420 要小。取决于研究者选择的显著程度，这些值足够小到让人认为还有一些序列相关留在模型当中。造成这种状况至少有三种可能性。

首先，如果有一些相关的变量在等式中被遗漏，该等式本身就被误设。卡门塔（Kmenta, 1986：334）指出显著序列

相关的存在会增大模型误设的可能性:

> 在进行是否存在序列相关的检验之后,我们必须决
> 定是否要对检验的结果进行回应……如果检验的结果
> 表明自相关确实存在,那我们便有了需要顾虑的原因。
> 重新检查模型的设定是其中一种回应……这样的回应
> 需要牵涉到回归等式的转换,因为这使自相关扰动项 e_t
> 得以被"经典的"扰动项 v_t 所替代。经过转换之后的回
> 归等式包含新变量 X_{t-1} 和 Y_{t-1}。这时我们所需要考虑
> 的就变成了要弄清楚究竟问题是出在自相关或是出在
> 回归模型一开始便设定错误了……一个检查自相关是
> 否存在的检验也可以被理解成为一个将 X_{t-1} 和 Y_{t-1} 从
> 模型中排除出来的检验。

卡门塔提出的问题并不存在一个机械的回答。与此相反,答
案必须要从对应着详实理论的具体模型当中寻找。

其次,也有可能是产生扰动项的过程被误设了。即产生
误差项的过程也许是一个非一阶自相关过程。一系列一阶
自相关模型的可能性替代模型会在本书之后的部分进行
讨论。

第三,等式的形式可能被误设。比如说,如果两个变量
之间存在一种非线性的关系,但我们却估计了等式 2.1,那残
差便会呈现出一种正向自相关的关系。因此,我们可知残差
有可能在等式实际上是非线性的时候传达出自相关的信息。
卡门塔(Kmenta, 1986:503—526)介绍了一系列非线性模型
并将它们分为两组——本质上的线性模型与本质上的非线

性模型。前者(比如说,多项式回归)可以使用 OLS(或者 GLS)进行估计,但后者却必须使用特殊的估计计数法。对于非线性模型的讨论超出了我们现在关注的范围。简单来说自相关可能表示模型误设。

第 11 节 | 向多元回归扩展

　　到目前为止,我们所关注的都是双变量版本的时间序列回归模型。许多读者应该会好奇如果我们将模型扩展到有 k 个自变量并包含自相关,情况会如何。具体来说,其可以表示为:

$$Y_t = a + b_1 X_{1t} + b_2 X_{2t} + \cdots + b_k X_{kt} + e_t \quad [2.46]$$

$$e_t = p e_{t-1} + v_t$$

如果我们保持所有的基本假设并加上两个额外的假设(不存在多重共线性以及自变量的数量少于观测值的数量),那么将之前讨论过的方法扩展为多元回归的情况便是一目了然的了。

　　估计公式需要进行改变从而能够反映出包括额外解释变量的情况(Kmenta,1986:392—403)。此时,残差被估计为:

$$\hat{e}_t = Y_t - \hat{a} - \hat{b}_1 X_{1t} - \hat{b}_2 X_{2t} - \cdots - \hat{b}_k X_{kt} \quad [2.47]$$

因为在这种情况下违法自相关假设的后果与双变量时的情况是一样的,所以相关检验也可以被应用。但是,需要注意的是,Durbin-Watson 检验要求我们使用 $k+1$ 个解释变量(1指代常数项)来决定合适的上限与下限。就 EGLS 估计而言,我们会首先使用 OLS 来估计等式 2.46 从而获得 e_t。通过使用 e_t,我们可以应用之前讨论过的方法估计 p,再将数据转换为如下形式:

$$Y_1^* = \sqrt{1-p^2}\, Y_1 \quad t=1$$

$$X_{k1}^* = \sqrt{1-p^2}\, X_{k1} \quad t=1;\ k=1,\ 2,\ \cdots,\ K \qquad [2.48]$$

$$Y_t^* = Y_t - pY_{t-1} \quad \text{for } t=2,\ 3,\ \cdots,\ T$$

$$X_{kt}^* = X_{kt} - pX_{kt-1} \quad \text{for } t=2,\ 3,\ \cdots,\ T;\ k=1,\ 2,\ \cdots,\ K$$

然后我们便可通过用 X_{kt}^* 对 Y_t^* 进行回归从而得到 EGLS 估计。

第 12 节 | 结论

　　这一节的讨论表明，序列相关会对实质性推论的质量产生严重影响。因此，我们有必要对序列相关进行检验并在 Durbin-Watson 统计值表明自相关误差存在的时候采取合适的矫正手段。

　　需要注意的是，常规回归软件不能正确地估计 R^2、σ^2 等值，所以当 EGLS 估计值被使用时，比如说 TSP 软件，便会显示下面信息："statistics based on rho-transformed variables（统计值基于由 rho 转化过的变量计算而得）"。

　　为了获得正确的估计值，我们必须"结合一致的参数估计与原始数据/模型从而生成拟合统计量"（Hibbs，1974：297）。这便会牵涉到估计以下关系：

$$Y_t = a + bX_t + e_t$$

然后再使用如下形式的 $\hat{a}$ 和 $\hat{b}$ 获得 Y 的拟合值：

$$\hat{Y}_t = \hat{a} + \hat{b}\,X_t$$

反过来，这些又可以被 $\hat{Y}_t$ 代入并表达为以下形式：

$$R^2 = \sum (Y_t - \hat{Y}) / \sum (Y_t - \overline{Y})^2$$

$$s^2 = \frac{\sum [(Y_t - \overline{Y}) - \hat{b}\,(X_t - \overline{X})]^2}{T - 2}$$

在进行这些修正之后，我们便有可能比较每一个等式 OLS 与 EGLS 版本的拟合情况。需要注意的是，目前我所熟悉的所有软件都无法直接给出以上 EGLS 估计的 R^2 与标准误差 (s.e.)。所以，读者需要仔细分析每一个 EGLS 估计所得到的拟合值，从而确定自己究竟从计算机中得到了什么。

第 **3** 章

替代性时间依赖过程

到目前为止，我们已经假设在时间依赖过程中产生的误差项可以被一个一阶自回归模型充分表达。泰尔（Theil，1971：216）对这种假设的基本合理性做出了解释：

> 这个过程背后所暗含的思想在于，被表示为误差的遗漏变量随时间变化。因此，相连的误差 e_t 与 e_{t-1} 之间很可能存在正向相关，但相隔更远的两个误差项之间的关联却比 e_t 与 e_{t-1} 之间的关联更接近于零。并且，当两个误差项之间的距离越来越大时，它们的相关性趋于零。

尽管这可以解释产生于一阶自相关过程的扰动项的表现，我们现在却有充分的理由继续追问一阶自相关过程的解释是否对于所有的扰动过程都适用。正如在前面部分所讨论的那样，一阶自相关过程仅仅只是一个粗略的近似。为了处理方便，几乎所有解决自相关扰动项问题的尝试都集中在关注一阶自相关过程之上，并且因此忽略了其他过程产生扰动的可能性。

　　了解时间依赖过程会对误差产生影响这个事实是十分

重要的。正如希布斯（Hibbs，1974：296）所指出："如果时间依赖过程被错误地设定，那么 GLS 估计中的良好特性一般无法保存；事实上，研究者坚持使用一个被误设了的过程往往弊大于利。"

那我们如何才能够找到一个正确的过程呢？尽管没有任何办法确定究竟是哪一种过程产生了误差，我们却有可能通过所估计的残差以及基本的 Box-Jenkins 法（1976：46—84）来确定产生这些残差的过程的种类。[8]

自相关函数的方程以及相关图已经向我们展示了一阶自相关过程会如何影响残差的相关情况。图 2.7 和图 2.8 更向我们说明自相关函数在正向或负向一阶自相关过程中分别的形态。希布斯（Hibbs，1974）举出了一个非常令人信服的例子，从而说明相关图是如何帮助我们辨别一个具体回归模型的扰动的产生过程。他的想法是首先使用 OLS 估计原有模型并得到残差，然后再使用这些残差来估计自相关函数并画出相关图。最后再拿这个实证相关图与各种扰动产生过程下的理论相关图进行比较。需要注意的是，一阶自相关过程仅仅是其中一种可能产生序列相关残差的模型。在下面部分，我们会分析几种其他时间依赖过程的相关图。因为它们在说明众多自相关函数及其扰动项方面有很大的灵活性，这些过程构成了扰动项模型的一个重要分类。

第 1 节 | **替代性过程**

在这一部分，我们将讨论产生序列相关的误差项的几个过程。每一种过程以及它们所对应的自相关函数的意涵都将被轮流讨论。由于篇幅的原因，这一部分的讨论将被缩减。感兴趣的读者请参考麦克利里与海伊（McCleary and Hay，1980）或麦克道尔以及同事（McDowall et al.，1980）的论文。这些论文包含了就这些话题更加详细易懂的讨论。

在分析自相关（autoregressive）过程与滑动平均（moving average）过程之前，我们有必要了解"……分析必须假设时间序列过程在均值与方差两个方面都是保持静止的……这些假设与对回归分析所要求的一般假设十分类似"（McCleary and Hay，1980:53）。回归模型的误差项经构建均值为零。此外，在时间序列的应用中也罕有异方差的案例。因此，我们没有必要考虑区分误差项的问题。

二阶自相关过程

鉴于我们已经详细研究了一阶自相关过程（等式 2.10），我们将进一步考虑残差由高阶自相关过程产生的可能性。比如说，现在的扰动项有可能是由前两个扰动项的一部分组成的。这种情况便与一个二阶自相关模型 AR(2)相一致,其可以被公式表达如下(McCleary and Hay,1980:60):

$$e_t = p_1 e_{t-1} + p_2 e_{t-2} + v_t \qquad [3.1]$$
$$p_1 + p_2 < 1$$
$$p_1 - p_2 < 1$$
$$-1 < p_2 < 1$$
$$E[e_t] = E[v_t] = E[e_{t-i}v_t] = 0 \qquad i \neq 0$$
$$E[v_t^2] = \sigma^2$$
$$E[v_t v_{t-i}] = 0 \qquad i \neq 0$$

AR(2)过程的自相关函数表达如下:

$$A_1 = p_1/(1-p_2) \qquad [3.2]$$
$$A_2 = p_2 + (p_1^2/(1-p_2)) \qquad [3.3]$$
$$A_j = p_1 A_{j-1} + p_2 A_{j-2} \qquad j > 2 \qquad [3.4]$$

图 3.1 表示了参数 p_1 与参数 p_1 两种不同组合的假设相关图。请关注图 3.1 中的相关图与图 2.7 与图 2.8 中所表达的 AR(1)过程有何不同。读者还需要注意的是取决于两个参数的不同取值,一个 AR(2)过程实际上可以生成许多不同的相关图。

尽管误差项可能产生于高阶自相关过程,麦克利里与海伊(McCleary and Hay,1980:59)却指出在社会科学中,绝大多数的社会过程都能够被 AR(1)过程"很好地体现",AR(2)过程就"相对少见",而更高阶的 AR 模型过程便"十分罕见"了。再考虑到高阶自相关过程能用滑动平均过程被更简洁地表达出来,我们便没有太多的动机来研究当 $p > 2$ 时的自相关过程了。

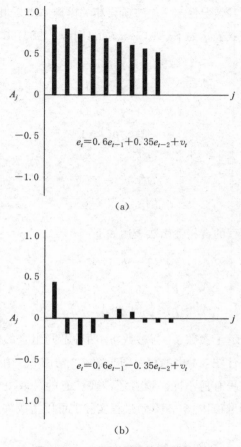

图 3.1　AR(2)误差过程的理论相关性

滑动平均过程

在一个滑动平均过程中，扰动项的形式完全由当前随机和滞后的项的加权和（weighted sum）所表达。如果这些扰动项同时包含一个对因变量的直接效应以及一个随时间递减的效应，并且那个递减指的是扰动项出现后对之后的 q 个时期仍有影响，那么一个 q 阶的滑动平均过程 MA(q) 便是一个对于时间依赖过程来说十分合适的模型。q 阶滑动平均过程可用下面等式所表达：

$$e_t = v_t - d_1 v_{t-1} - d_2 v_{t-2} - \cdots - d_q v_{t-q} \qquad [3.5]$$

其中的参数 d_i 既可以为正又可以为负。随机扰动项由下列方式生成：每个 v_t 均值为零，方差恒定同时不存在自相关。与 AR(p) 模型不同的是，滑动平均过程是一个随机冲击的产物。它发生并在消失之前影响因变量固定数量的几个周期。因此，由 MA(q) 模型所产生的自相关函数明显不同于 AR(p) 模型。

据麦克利里与海伊所言，我们并没有太大的必要去研究高阶滑动平均过程（等式 3.5 中 $q > 1$）。相反，他们（McCleary and Hay, 1980:63）指出，MA(1) 过程可以表示社会科学中绝大多数的滑动平均过程。MA(2) 与 MA(q) 模型都十分罕见。因此，我们应该把注意力集中在一阶滑动平均模型，MA(1)：

$$e_t = v_t - d_1 v_{t-1} \qquad [3.6]$$

其中

$$-1 < d_1 < 1$$
$$E[e_t] = E[v_t] = E[e_{t-i} v_t] = E[v_t v_{t-i}] = 0 \qquad i \neq 0$$
$$E[v_t^2] = \sigma^2$$

在一阶滑动平均过程中，效应"遗忘了"之前早于一个周期发生的事情。即随机冲击所产生的影响在一个滞后周期之后便完全消失了。像这样的一个自相关函数可以表达如下：

$$A_1 = -d_1 / (1 + d_1^2) \qquad [3.7]$$

$$A_j = 0 \qquad j > 1$$

因此,除了在第一个滞后项中,MA(1)过程的自相关函数在所有周期都为零。由此而来的相关图便可十分容易地与之前所讨论的 AR(1)相关图区分开来。图 3.2 展示了 MA(1)过程的两个例子。

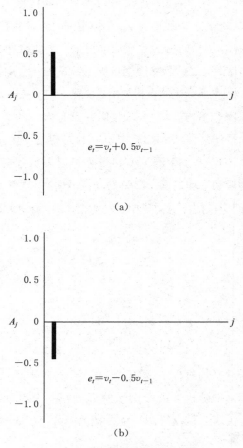

(a)

(b)

图 3.2   MA(1)误差过程理论相关性

　　在介绍了一系列不同种类的过程并讨论了它们所对应的理论相关图之后，我们有必要了解自相关过程与滑动平均过程之间的联系。麦克利里与海伊（McCleary and Hay，1980：61）向我们表明高阶自相关过程（比如说，当 $p > 2$）可以用低阶滑动平均过程更加简洁地表达。事实上，一个趋于无限的自相关过程可以转化成为一个 MA(1) 过程。此外，高阶滑动平均过程也可以用低阶自相关过程更简洁地表达。麦克利里与海伊（McCleary and Hay，1980：57）也展示了一个趋于无限的滑动平均过程是如何被转化成为一个 AR(1) 过程的。因此，基于简洁的考虑，低阶自相关或滑动平均过程总是要比它们所对应的高阶过程被优先考虑。

混合过程

　　最后，我们需要注意的是，有时候残差的形式同时由 AR 过程与 MA 过程所决定。最简单的混合过程结合了一阶自相关过程与滑动平均过程。像这样一个模型——ARMA(1，1)，可以用公式表达如下：

$$e_t = p_1 e_{t-1} + v_t - d_1 v_{t-1}$$

这个过程的自相关函数由以下式子所决定：

$$A_1 = \frac{(1 - p_1 d_1)(p_1 - d_1)}{1 + d_1^2 - 2 p_1 d_1} \qquad [3.8]$$

$$A_j = p_1 A_{j-1} \qquad\qquad j > 2 \qquad [3.9]$$

ARMA(1，1) 自相关函数的一个例子如图 3.3 所示。

　　鉴于产生误差项的途径很广泛,我们在描述有可能产生自相关的过程的时候有很大的自由度。在讨论了一系列有可能的过程之后,我们现在的讨论将转而关注如何检验其他替代性时间依赖过程的存在。

第 2 节 ｜ 检验高阶过程

到目前为止,我们的讨论都集中在一个单独的自相关系数的显著情况。正如约翰斯顿(Johnston, 1984)所阐述的:

研究者可能会预期,当更广义的自相关形式存在时,这些检验能有足够的解释力。比如说,如果

$$e_t = p_1 e_{t-1} + p_2 e_{t-2} + \cdots + p_p e_{t-p} + \nu_t$$

d 检验也许能够表明 p_1 显著地区别于零。但是,p_1 仅仅体现了我们现在所讨论的自相关的一部分,而其他人也许可以发现其一阶统计值却是不显著的。但是,该检验无法说明 $p_2, \cdots, p_p$ 的显著性。因此,我们确实还需要一个更加广义的检验。

约翰斯顿讨论了一个检验既可以判定 AR(p)过程是否存在,

$$e_t = p_1 e_{t-1} + p_2 e_{t-2} + \cdots + p_p e_{t-p} + \nu_t$$

也可以判定 MA(p)过程是否存在,

$$e_t = \nu_t + a_1 \nu_{t-1} + a_2 \nu_{t-2} + \cdots + a_q \nu_{t-q}$$

其中 e_t 是一个随机扰动项。

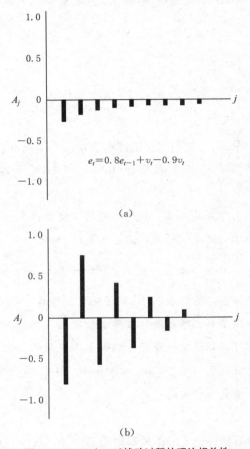

$$e_t = 0.8e_{t-1} + v_t - 0.9v_t$$

(a)

(b)

图3.3　ARMA(1，1)扰动过程的理论相关性

　　Breusch-Godfrey 检验使用了 OLS 所估计的残差,并且从本质上来说这是一个对前 p 个所估计系数的自相关性进行联合检验的方法。正如约翰斯顿(Johnston, 1984:319)所提醒,同样的检验可以应用于 AR 假设与 MA 假设之中。此外，即使是在滞后内生变量以解释变量的形式出现时，该检验也可被计算。具体来说，这个检验包含以下几个步骤（Johnston，1984：320—321）：

1. 对下面等式进行 OLS 估计：

$$Y_t = a + bX_t + e_t$$

2. 使用 X_t、$\hat{e}_{t-1}$、$\hat{e}_{t-2}$、$\cdots$、$\hat{e}_{t-p}$ 对 $\hat{e}_t$ 进行回归，并计算 R^2。请注意该回归应该只使用最后 $T-p$ 个观测值。

3. 计算 TR^2，其中 T 指代样本量，同时参考自由度为 p 时的卡方分布。如果我们在此得到一个显著大的值，那么虚无假设便可被拒绝。

研究者所需要做出的最重要决定便是在第二步中，即我们究竟需要包含多少个所估计残差的滞后项。

第二种检验（以下简称为 Q 统计值）由时间序列分析发展得来（McCleary and Hay，1980：99）。该检验用以确认模型的残差是否以白噪音的形式分布（比如说，残差项是随机的）。如果残差项是完全随机的，那么自相关函数（从此以后被称为 ACF）便是完全平滑的（比如说，所有的自相关都等于零）。为了检验这个假设，卡门塔（Kmenta，1986：332）推荐 Q 检验：

$$Q = T \sum \hat{r}_k^2 \qquad [3.10]$$

其中，$\hat{r}_k^2$ 为 $\hat{e}_t$ 和 $\hat{e}_{t-k}$ 的积矩相关（product moment correlation）系数，其中 $k=1, 2, \cdots, m$，而 m 则被用以反映自相关过程或者滑动平均过程的预期最高阶。假使虚无假设是正确的，那么 Q 值则会呈现出自由度为 m 的卡方分布。如果 Q 值不显著，那么我们就可以接受自相关或滑动平均不存在的虚无假设。但如果 Q 值显著，那我们则必须拒绝虚无假设并判定相应的过程。读者所需要注意的是，如何选择最大滞后项十分关键。一般而言，所选择的最大滞后项不应大于 $T/4$ 或 $T/5$。

这里还有第三种可能的检验。该检验由沃利斯（Wallis）所提出并应用于四阶自相关的情况（Johnston，1984：317）。这个检验与 Durbin-Watson 检验十分相似，唯一的不同在于它所比较的是 $\hat{e}_t$ 和 $\hat{e}_{t-4}$。如果研究者采用的是季度性时间序列数据，那么使用这个检验便是十分恰当的。

第 3 节 | 过程识别

前面讨论的检验仅仅向读者揭示了所估计的残差当中存在时间依赖相关的可能性,但它们却无法辨别那些过程的具体性质。而为了辨别这些过程,我们在接下来的部分会介绍几种常用的方法。

首先,我们有必要使用 OLS 来估计等式并获取所估计的残差,然后再使用它们来估计 ACF。下一步,所估计出的 ACF 便可用来和一系列理论推导出的 ACF 做比较,进而为扰动项的时间依赖过程找到一个合适的模型。根据这个信息,我们可以就模型设定做出一些有依据的猜想。

经验性的 ACF 可以通过计算 $\hat{r}_k^2$ 从 OLS 估计的残差 e_t 获得。因此,r_1 便可以通过对所有间隔一个时期点的残差的相关系数求平均从而估计得到;r_2 则可以通过对所有间隔两个时期点的残差的相关系数求平均从而估计得到;再以此类推。研究者需要清楚的是,比起 r_3 来说,r_1 需要对数量更多的相关系数进行平均。事实上,当样本量为 T 并且 $T=m$ 时,我们只需要一个相关系数便可以估计得到 r_{t-m}。在这种情况下,当估计距离较远的两个滞后项的相关系数时,我们容易受到极端值的干扰。为了解决这个问题,一般的做法是仅仅计算 $T/4$ 或 $T/5$ 个滞后项。比如说,当样本量 $T=21$

时,我们可以计算滞后 1、2、3 和 4 个时期的自相关系数。尽管这样做减少了 ACF 中所估计的自相关系数的数量,我们却可以对那些被估计的值更有把握。从最好的情况来说,我们可以掌握系数相关的大致情况。

在识别过程中,还有一个有用的检验工具:局部自相关函数(partial autocorrelation function,以下简称为 PACF)(McCleary and Hay,1980:66—79;McDowall et al.,1980:40—46)。正如麦克道尔及其同事所述(McDowall et al.,1980:41):

> PACF 可以提供一个与任何其他局部相关(partial correlation)的测量完全一致的解释。k 项滞后的 PACF,即 PACF(k),是一个当相关随机发生的滞后项被控制后,时间序列测量值与距离其第 k 项之间相关性的测量。与 ACF 不同的是,PACF 无法从一个简单明了的公式当中估计得到。

在此需要强调的是,事实上并没有任何机械的方法可以发现时间依赖过程会导致这样的错误。与此相反,对 ACF 与 PACF 的分析可以在我们事先没有其他信息时帮助我们做出一个有一定依据的猜测。如果我们有任何理论上的依据假设一个一阶过程,那我们就应该果断采用一阶过程从而避免进一步的分析。

在估计了实证性的 ACF 与 PACF 之后,我们可以尝试判断所强调的误差生成过程。正如麦克利里与海伊(McCleary and Hay,1980:93—94)所观察到的那样:

识别(Identification)是模型建构的关键。一个ARI-MA模型必须有一定的实证依据。简单来说,我们需要找到选择一个模型而不是另一个模型的理由。一般来说,实证依据可以从时间序列中估计得到的ACF与PACF当中所找到的自相关类型。如果两个竞争性模型都符合要求,那么与ACF和PACF更加拟合的便是两个模型中"更好"的那个。

在实际操作中,所估计的ACF与PACF不会与所预期的ACF与PACF相等……这些所预期的类型只有在过程实现(process realization,即"时间序列")无限长的时候才可靠。然而,当时间序列不是无限长的时候,所估计的ACF与PACF便不能"完美地"与所强调的过程预期的ACF与PACF相匹配了。

当开始识别过程的时候,我们有必要判断某一个自相关系数是否显著地区别于零。ACF(k)的标准误可以由以下公式估计得到(McCleary and Hay, 1980:94):

$$S_{ACF} = \sqrt{T_{-1}\left[1 + 2\sum \hat{r}_k^2\right]} \qquad [3.11]$$

而PACF(k)的标准误则可以由下面公式估计得到(McCleary and Hay, 1980:94):

$$S_{PACF} = \sqrt{T_{-1}} \qquad [3.12]$$

一旦发现了显著的自相关,我们便有可能判断背后所强调的过程了。

事实上,有许多不同的讨论为我们提供了选择合适时间依赖过程的依据(比如说,Box and Jenkins,1976:79)。将前人的研究总结之后,我们可以做出如下判断。

1. 如果对于所有 $k > 0$ 来说都有 $\hat{r}_k^2 = 0$,那么残差便是随机的。

2. 如果 ACF 根据等式 3.4 逐渐减小并且 PACF 在每一个(共 p 个)滞后项中都显著增强,那么残差便是由一个 q 阶的自相关过程产生的。

3. 如果 ACF 在滞后项由 1 到 q 都逐渐增强,然后彻底消失并且 PACF 一直逐渐减弱,那么残差便是由一个 q 阶的滑动平均过程产生的。

4. 如果 ACF 与 PACF 都从第一个滞后项之后便开始呈指数型下降,那么残差便是由一个混合过程[ARMA(1, 1)]所产生的。

这些都是可以被用以对 ACF 与 PACF 进行实证研究的经验法则。当然,有时候识别的过程会非常困难,尤其是当样本量比较小的时候。

第 4 节 | 估计

在识别了时间依赖过程之后,我们便可以着手进行模型参数(包括时间依赖过程的参数)的估计了。总的来说,计量经济学的文献对这些问题的讨论十分有限。我为感兴趣的读者提供以下参考文献。

高阶自相关过程 (Higher-Order Autoregressive Process)

约翰斯顿(Johnston, 1984:324—327)与贾奇及其同事(Judge et al., 1985:293—294)讨论了如何使用 EGLS 方法估计存在 AR(2)误差过程的回归模型。后者(Judge et al., 1985:297—298)提供了一个有关使用不同方法估计存在 AR(p)误差结构的模型的概括总结。除此之外,我们还可以找到一些有关应该如何估计存在自相关的模型的讨论(Johnston, 1984:306—307; Judge et al., 1985:298—299; Kmenta, 1986:325—326)。

滑动平均过程 (Moving Average Process)

卡门塔 (Kmenta, 1986:326—328)、约翰斯顿(Johnston, 1984:307—308)还有贾奇及其同事(Judge et al., 1985:299)讨论了如何估计存在 MA(1)误差过程的

回归模型。其中贾奇及其同事(Judge et al., 1985:305—310)还展示了如何估计存在 MA(q)误差过程的模型。

混合过程 (Mixed Processes)

贾奇及其同事(Judge et al., 1985:310—311)讨论了回归模型在包括 ARMA(1,1)过程的情况下的估计。

当感兴趣的读者消化完以上所有的文献之后,他们会发现要找到相关的计算机软件来估计误差项中存在这些替代性时间依赖过程的模型却并不容易。SAS AUTOREG 提供了一个可以识别并估计各种高阶自相关模型的软件包。而对于 MA(q)以及混合模型 ARMA(p, q)来说,我们可以采用 SAS SYSLIN。要注意的是,Micro TSP(第六版)也可以估计 AR、MA 以及 ARMA 模型。

案例:用替代性时间依赖过程来估计有错误生成的模型

为了观察高阶过程究竟是怎样被识别的,我为下列每一个模型生成了一个样本量为 100 的数据库。[9]

模型 1:模型 1 的误差项由一个一阶自相关过程所产生:

$$Y_t = 20 + 5X_t + e_t$$
$$e_t = 0.8e_{t-1} + v_t$$

模型 2:模型 2 的误差项由一个四阶自相关过程所产生:

$$Y_t = 20 + 5X_t + e_t$$

$$e_t = 0.8e_{t-4} + v_t$$

模型 3：模型 3 的误差项由一个 MA(1) 过程所产生：

$$Y_t = 20 + 5X_t + e_t$$
$$e_t = v_t - 0.8e_{t-1}$$

模型 4：模型 4 的误差项由一个 AR(2) 过程所产生：

$$Y_t = 20 + 5X_t + e_t$$
$$e_t = 0.4e_{t-1} + 0.4e_{t-2} + v_t$$

为了说明高阶时间序列过程模型的识别和估计，本部分会以模型 4 为例。感兴趣的读者可以使用其他三组数据来进行这方面的练习。

本部分所讨论的所有结果都来自一系列 SAS 程序。以下原始编码可以用来复制本部分所报告的结果（原始数据为 AR）。

下面命令产生初始的 OLS 估计。残差被保存在 A 中：

```
PROC REG DATA = AR;
MODEL Y = X/DW;
OUTPUT OUT = A R = RESOLS;
```

以下命令可以用来估计 OLS 残差的 ACF 与 PACF：

```
PROC ARIMA DATA = A;
IDENTIFY VAR = RESOLS NLAG = 6;
```

以下命令将所估计的 OLS 残差作为滞后项，使用 X 和其他六个 OLS 残差的滞后项对当前扰动项做回归，从而计算出 Breusch-Godfrey 检验值：

```
DATA AA; SET A;
L1E = LAG1 (RESOLS);
```

```
L2E = LAG2 (RESOLS);

L3E = LAG3 (RESOLS);

L4E = LAG4 (RESOLS);

L5E = LAG5 (RESOLS);

L6E = LAGS (RESOLS);

RETURN;

PROC REG DATA = AA;

MODEL RESOLS = L1E L2E L3E L4E L5E L6E L7E X;
```

下列命令产生模型 4 中参数值的 Prais-Winsten 估计,并将残差保存在一个输出文件当中:

```
PROC AUTOREG DATA = AR;

MODEL Y = X / NLAG = 2 ITER ITPRINT NOMISS METHOD = YW;

OUTPUT OUT = B R = RESGLS;
```

下列命令可以计算出 EGLS 残差的 ACF 与 PACF,进而保证它们现在是随机的:

```
PROC ARIMA DATA = B;

IDENTIFY VAR = RESGLS NLAG = 6;
```

下列命令将所估计的 EGLS 残差作为滞后项,并使用 X 和其他六个 EGLS 残差的滞后项对当前扰动项做回归,从而计算出 Breusch-Godfrey 检验值:

```
DATA AB; SET B;

L1GE = LAG1 (RESGLS);

L2GE = LAG2 (RESGLS);

L3GE = LAG3 (RESGLS);

L4GE = LAG4 (RESGLS);

L5GE = LAG5 (RESGLS);
```

```
L6GE = LAG6 (RESGLS);
RETURN;
PROC REG DATA = AB;
MODEL RESGLS = L1GE L2GE L3GE L4GE L5GE L6GE X;
```

在通常情况下,研究者并不清楚产生误差项的时间依赖过程的具体性质。比如说,让我们来考虑模型 4 的 OLS 估计:

$$Y_t = 21.428 + 4.770X_t$$
$$(23.831)\quad(27.161)$$
$$DW = 1.091$$

其中括号里的数字是 t 比率。正如我们所看到的,这里存在显著的序列相关。如果研究者在作出误差是由一阶自相关过程产生的假设之后,使用 EGLS 步骤进行估计,Durbin-Watson 检验的 d 值仍会表明显著序列相关的存在。

在最开始探索高阶时间依赖过程是否存在的时候,研究者可以使用 Breusch-Godfrey 检验或者 Q 统计。为了计算 Breusch-Godfrey 检验的统计值,我们需要使用所估计残差的六个滞后项以及对当前所估计残差做回归。这使我们得到自由度为 6 的卡方值 38.34。该检验明确表明序列相关显著存在。Q 统计则由 ACF 的前六个滞后项计算得出,此时我们得到自由度为 6 的卡方值 50.14。同样,这也表明了所估计的残差当中存在显著的序列相关。

在确定显著序列相关的存在之后,我们有必要将注意力转向识别过程。因此研究者首先应该估计 ACF 与 PACF。模型 4 六个滞后项的 OLS 残差在理论上的 ACF(即

McCleary and Hay，1980：74 所展示的 AR(2) 过程，在 $p_1 = p_2 = 0.4$ 的时候，理论上的 ACF) 与实际估计的 ACF 如下所示。

滞后项	理论值	实际值
1	0.677	0.414
2	0.677	0.471
3	0.533	0.163
4	0.479	0.228
5	0.343	0.101
6	0.329	0.026

我们可以看到，不仅理论上的 ACF 与实际上的 ACF 非常接近，PACF 还在第一个和第二个滞后项上取得最高值。因此，我们可以十分有把握地判断这里的时间依赖过程与 AR(2) 过程是一致的。

迭代性 Prais-Winsten 法则被用来估计参数。所得到的估计值如下：

$$Y_t = 22.107 + 4.618X_t$$

$$(11.561) \quad (12.328)$$

$$\hat{p}_1 = 0.267(2.818) \qquad \hat{p}_2 = 0.375(3.963)$$

其中括号里的数字是 t 比率。正如我们所看到，两个自相关参数都在 0.01 水平上表现出统计性显著。此外，我们还可以观察到当误差项中的时间依赖过程被考虑进去之后，所估计参数的整体显著性大幅度下降了。

最后，我们还需要检查 EGLS 的误差，确保它们是随机分布的。鉴于 Breusch-Godfrey 检验和 Q 统计在六个滞后项的情况下分别得到卡方值 4.49 和 3.95，我们有充分的证据证明此处 EGLS 的残差是随机分布的。

案例：比率目标假设再回顾

正如前文所讨论的，等式 2.1 的 EGLS 版本的 Durbin-Watson 统计值并不落在一个确定的范围之内。对此，一个可能的解释是误差项的时间依赖过程被错误地设定了。为了分析这种可能性，我们进一步讨论 EGLS 残差的 ACF 与 PACF。尽管研究者就如何设定时间依赖过程的具体性质还未达成完全的共识，可以明确的是，一般来说，误差项可以被 ARMA(1，1)过程最好地模拟。让我们假设误差由一个 ARMA(1，1)过程产生，所得到的估计值如下：[10]

$$Y_t = 9.490 + 0.977X_t$$
$$(0.632) \quad (11.581)$$
$$p_1 = 0.739(4.54) \qquad d_1 = 0.542(1.88)$$
$$\text{DW} = 2.069$$

一些研究者可能会问 MA 项显著程度的界限应该定为多少，这是我们在模拟所估计残差时所应持的谨慎态度。

为了说明我们需要替代性时间依赖过程模型的另一个情形，我转而讨论在尾注 5 中所提到的那个模型：

$$(Y_t - Y_{t-1}) = b(X_t - X_{t-1}) + v_t$$

使用 OLS 估计这个模型并获得单一最大值出现在第一个滞后项的 ACF。PACF 的最大值也同样出现在第一个滞后项，但它并没有按照预期递减。因此，我使用 MA(1)模型来模拟

误差项的过程。我们得到如下结果:[11]

$$(Y_t - Y_{t-1}) = 0.781(X_t - X_{t-1})$$
$$(4.258)$$
$$d_1 = 0.556(2.23)$$
$$DW = 2.006$$

我们所估计到的苏联国防开支变化的系数在统计上显著,尽管该系数(代表苏联对美国的回应)并没有在使用绝对开支水平作为测量时所估计到的系数那么大。需要注意的是,使用一次差分消除数据中时间趋势的影响并不一定也能同时消除序列相关。正如上面例子所示,误差过程的性质(在进行转换之后)很大程度上不是随机的。

第 5 节 │ **结论**

除了在之前部分所讨论的 AR(1) 过程,本部分探索了时间依赖过程其他的可能性。为了研究这个题目,我们有必要估计 OLS 残差的 ACF 与 PACF。这些函数需要被检验,而它们背后的过程需要被识别。一旦过程被识别,我们便可采用 EGLS 估计。尽管大多处理模型的常规手段都假设误差过程为 AR(1),但随着处理时间序列回归的计算机软件大量涌现,现在进行时间序列分析已不再需要受到这个假设的束缚了。

第**4**章

时间序列回归分析：滞后项实例

　　对于不熟悉时间序列分析的读者来说，他们也许会对下列事实感到沮丧：即使所估计的系数本身是无偏的，我们还需要一系列步骤来获取无偏的系数方差。尽管之前的讨论提供了如何分析各种不同类型模型的基础，但在很多种情况下，这些模型事实上存在更严重的估计问题。在这个部分，我们会讨论一类可以同时囊括滞后内生变量与外生变量的模型。

　　到目前为止，我们只分析过那些揭示方程左边与方程右边即时关系的模型，即方程两边的变量是在同一时间被记录下来的。鉴于我们所估计的关系的真实性质，也许加入时间的滞后项会使模型更加可信。从性质上来说，一共有两种时间滞后项：（1）外生变量的滞后值；（2）内生变量的滞后值。以下部分展示了两种模型之间的联系。

第 1 节 | 分布式的滞后模型

模拟一些关系通常需要加入滞后外生变量。正如我们在等式 2.29 中所看到的，序列相关的存在意味着 X_t 与 X_{t-1} 影响 Y_t。因此，这也可能说明序列相关的存在仅仅意味着我们没能正确地设定所要研究的模型。鉴于因变量也许不会马上就自变量具体的增减做出回应，与其纠正序列相关，我们不如明确地将时间滞后项纳入一组关系当中。一种可能的公式表达形式假设当前和过去的苏联国防开支都会影响美国国防开支。在这种情况下，我们可以估计如下模型：

$$Y_t = a + b_0 X_t + b_1 X_{t-1} + e_t$$

其中每一项都在前面部分被定义过。如果相关假设被满足，我们之前的讨论便是可行的：我们可以估计这个等式、检验自相关情况并在当显著自相关存在时采用合适的纠正方法。

这个模型的唯一问题在于，一般来说我们很难恰好设定准确影响的时间。如果我们没有充分的理由来假设一个既定的回应时间，那我们应该转而希望允许这个效应在几个连续的时间段内扩散。比如说，假设苏联国防开支的效应在 n 个时间段中扩散，具体来说在每个滞后时期都存在部分效应：

$$Y_t = a + b_0 X_t + b_1 X_{t-1} + \cdots + b_n X_{t-n} + e_t$$

这种设定通常被称为分布式滞后模型(distributed lag model)。在多元回归模型的一般假设之下,至少在理论上这里并不存在新的估计。OLS 或者 EGLS 可以被用来生成无偏的、相对有效的并且一致的估计。然而,分布式滞后模型所提出的实际问题通常无法直接使用 OLS 与 EGLS。其中一个问题在于解释变量的滞后值一般很有可能高度相关,因此会造成多重共线性的问题。这样,我们就很难区分不同自变量对因变量单独的效应(Kmenta,1986:527)。第二个问题在于,滞后项的数量如果特别多,便可能导致仅仅剩下很少的自由度。因为如果 n 非常大(相对 T 而言),我们便需要估计特别多的参数。最后,对于我们所研究的每一组关系的每一个滞后变量而言,第一个观测值都需要被忽略。比如说,在国防开支这个例子的数据中仅仅存在 21 个观测值,这便大大地限制了我们所能研究的滞后项的数量。然而,这一点是否会成为一个问题主要取决于样本量的大小。

为了解决这些问题,我们通常会对滞后项的权重设定一些限制(比如说,b_0,b_1,$\cdots$,b_n)。这样便可以减少因为增加滞后项或者增加所估计参数的数量而造成的观测值损失。首先,权重可以被程度 q 的多项式所近似表达,q 小于 n。这种方法通常在 Almon 滞后项的标题下进行讨论。但 Almon 方法的具体机理却超出了本书的讨论范围(比如说,Johnston,1984:352—358;Kmenta,1986:539—542)。如果读者需要参考 Almon 方法在政治学中应用的例子,请参见(Ostrom and Hoole,1978)。

至于第二种方法,我们可以对权重设定一个前置的限制。比如说,研究者可以假设滞后值的系数呈指数型递减。

正如卡门塔(Kmenta,1986:528)所指出,这可以被如下模型所表达:

$$Y_t = a + b_0(X_t + cX_{t-1} + c^2X_{t-2} + \cdots) + e_t \quad [4.1a]$$

在连续的滞后项效应呈指数型递减的情况下,X_t 对 Y_t 的效应无限向过去延伸。尽管这明显降低了需要估计的参数的个数,我们却仍然需要面对数量众多的自变量。而这个问题可以通过使用 Koyck 转化来解决。

Koyck 转化的步骤如下。首先,将等式 4.1a 滞后一个时期,然后再乘以 c,最后得到如下形式:

$$cY_{t-1} = ac + b_0(cX_{t-1} + c^2X_{t-2} + c^3X_{t-3} + \cdots) + ce_{t-1}$$
$$[4.1b]$$

现在,再用等式 4.1a 减去等式 4.1b 从而得到以下式子:

$$Y_t = a(1-c) + b_0(1-c)X_t + cY_{t-1} + e_t - ce_{t-1}$$
$$[4.2a]$$

需要注意的是,新生成的扰动项呈序列相关。等式 4.1a 与等式 4.2a 从功能上来说是等价的。尽管参数并不呈线性,等式 4.2a 包含较少的参数和外生变量。

到目前为止,我们可以将分布式滞后模型概括为两种独特形式。[12]简单来说,我们可以将分布式滞后项的特征转化为一个包含因变量滞后值的模型。这为研究下面这种模型提供了充分的依据:

$$Y_t = b_0 + b_1X_t + b_2Y_{t-1} + e_t \quad [4.2b]$$

不管研究者是注意到等式 4.2a 的参数明显呈非线性,还是仅仅关注类似等式 4.2b 的模型并忽略推导过程中产生的非线性关系,他们都需要考虑众多新的估计问题。

第 2 节 | 滞后内生变量

在研究这类模型的估计之前，仔细研究将滞后内生变量加入模型会产生什么后果是十分有帮助的。我们最好先通过研究最简单的形式来达到目的。具体来说，我们可以假设前一阶段的美国国防开支是当前美国国防开支最主要的决定因素。即，

$$Y_t = a + bY_{t-1} + e_t \qquad [4.3]$$

拉廷格（Rattinger，1975：575）为这个假设提供了非常具体的解释：因为"官僚冲动"（bureaucratic momentum）的存在，因此"政府官僚在某一特定年份的预算往往较上一年份呈固定比例的增长"。这样的关系可以用等式 4.3 来表达。

为了估计这个模型，我们可以使用 OLS 来估计等式4.3。得到的结果如下：

$$Y_t = -1.550 + 1.097Y_{t-1}$$

$$(0.405) \quad (40.713)$$

$$R^2 = 0.989 \qquad DW = 0.691$$

其中括号里的数字为 t 比率。正如我们所见，用这个模型来估计国防开支数据可以得到一个特别好的拟合值。它同时也表明美国每年大概提高国防开支 9.7%。根据 Durbin-

Watson 法的 d 统计值，我们可以得知数据中存在中等程度的时间序列相关。不同于不含滞后项的模型，序列相关与滞后内生变量的结合使用对于所估计的系数以及对于 Durbin-Watson 法的 d 值都会产生广泛的影响。我们接下来便讨论这些问题。

对于基本自相关模型的讨论，我们会重点关注下面的模型(Johnston，1972：303—313)：[13]

$$y_t = by_{t-1} + e_t \qquad [4.4]$$

其中 y_t 与 y_{t-1} 以中心化均值(mean deviate)的形式表达(比如说 $y_t = Y_t - \overline{Y}$)。在后面的部分，我们会讨论包含其他解释变量的情况。该模型的估计过程以及可能会遇到的问题主要取决于我们对 e_t 做出怎样的假设。下面，我们将根据以下两组假设分别进行讨论：

A. e_t 满足假设 3、4 和 5

B. $e_t = pe_{t-1} + v_t$，其中 v_t 满足假设 3、4 和 5 同时 $-1 < p < 1$

假设 A 假定 e_t 均值为零、方差恒定并且协方差为零。这是一个最简单的假设，而且只要 $b < 1$，唯一复杂的情况只会出现在等式 4.4 的右边。而假设 B 则表明 e_t 服从一阶自相关过程，这意味着它们不再是随机的了。

假设 A

首先，在此我们必须重申我们所假设的误差并不自相关，因此唯一需要解决的困难来自使用滞后的 y 作为一个解释变量(Johnston，1972：305)。如果研究者直接使用 OLS 估计等式 4.4，那么 b 的估计值可被表达如下：

$$b^* = \frac{\sum_t y_t y_{t-1}}{\sum_t y_{t-1}^2} \qquad [4.5]$$

马兰沃(Malinvaud，1970：551)指出在一些特定的限制性假设之下(比如说 $b < 1$，y_0 是随机的，b 的绝对值非常小或者 T 非常大)，b^* 的期望值为

$$E[b^*] = b[1 - (2/T)] \qquad [4.6]$$

因此，当 T 不断增大时，偏误(被定义为$-2b/T$)会变得非常小。但是，马兰沃也指出，当样本量大概为 20 的时候，偏误大概会达到真值的 10%。因此，只要误差项不包含序列相关，简单自相关模型对滞后内生变量的系数估计虽然一致(consistent)并且相对有效(efficient)，却是有偏(biased)的。

在报告了其他几种不同模型的结果之后，马兰沃(Malinvaud，1970：552)总结道：

这些结果证实了对回归模型提出的理论并不适用于自相关模型。但是，它们也表明，从理论上来说，如果采用普通回归模型所常用的方法来估计自相关模型，我们也不会犯非常严重的错误。**当然，这种乐观的结论必须建立在误差项不存在自相关的基础之上**(强调为本书所加)。

因此，等式 4.4 中的模型如果并不包含自相关的误差项，那么虽然有偏但却是一致的。可是，此时要决定误差项是否存在

序列相关却变得不像在不包含滞后项的模型那么一目了然，因为普通的 Durbin-Watson 检验现在已不再适用了。因此，我们必须研究估计值在假设 B 之下的性质，然后再为自相关误差提供一个替代性检验。

假设 B

滞后 y 值与自相关扰动项的结合意味着 OLS 所得到的估计值是一致的。正如约翰斯顿(Johnston，1972:307)所说：

> 即便是在很小的样本里,不包含滞后 y 值的自相关扰动也不会产生有偏的估计值;在无穷大的样本中,滞后 y 值与随机误差会使 OLS 所得到的估计值表现为一致但有偏;但是,上述两个问题加起来,便会使 OLS 出错并带来不一致的估计值。

造成这个问题的主要原因在于,此时解释变量 y_{t-1} 已不再与当前的扰动项 e_t 不相关,即 $E(y_{t-1}e_t) \neq 0$。 这种情况的发生是因为 y_t 直接取决于 e_t 与 y_{t-1} 以及 e_{t-1} 等等。因此,因为 e_t 与 e_{t-1} 直接相关(根据假设 B),所以 y_{t-1} 与 e_t 相关。为了更好地观察这种情况,我们可以使等式 4.4 包含一个时期的滞后项,然后乘以 e_t,最后再取期望值(Johnston，1984:363; Pindyck and Rubinfeld，1981:193)：

$$
\begin{aligned}
E[y_{t-1}e_t] &= E[by_{t-2} + e_{t-1}][pe_{t-1} + v_t] \\
&= bpE[e_{t-1}y_{t-2}] + pE[e_{t-1}^2] \\
&= bpE[e_t y_{t-1}] + pE[e_t^2] \\
&= p\sigma^2/(1 - pb)
\end{aligned}
\quad [4.7]
$$

因为一阶自相关的假设存在,e_t 与 y_{t-1} 的协方差不为零。因此,当滞后内生变量存在时,自相关意味着解释变量会与当前扰动项相关。这直接违反了假设 B,同时说明所估计的参数将是不一致的。

为了了解所估计参数不一致带来的后果,我们可以参考希布斯(Hibbs, 1974:296)所做的下列扩展。如果我们将等式 4.4 滞后一个时期然后再乘以 p,我们可以得到

$$py_{t-1} = pby_{t-2} + pe_{t-1} \qquad [4.8]$$

再将它表达为 pe_{t-1} 的式子:

$$pe_{t-1} = py_{t-1} - pby_{t-2} \qquad [4.9]$$

至此,我们可以将原始的等式表达为:

$$
\begin{aligned}
y_t &= by_{t-1} + pe_{t-1} + \nu_t \\
&= by_{t-1} + py_{t-1} - pby_{t-2} + \nu_t \qquad [4.10] \\
&= (b+p)y_{t-1} - bpy_{t-2} + \nu_t
\end{aligned}
$$

因此,如果我们在假设 B 不能被满足时强行使用 OLS 来估计等式 4.4,我们便会遇到经典的遗漏变量的问题。此时,所估计的 y_{t-1} 的系数包含了一部分被排除在外的变量 y_{t-2} 的效应。这便带来推论的问题。在这样的情况下,真实的系数是 $b+p$,而 $-pb$ 才是遗漏变量 y_{t-2} 的真正系数。在原始模型中 OLS 所估计的 $b(b^*)$ 在等式 4.5 中以其期望值的形式被表达(假设自相关误差的存在):

$$E[b^*] = b + \left[p - \frac{pb \sum_t y_t y_{t-1}}{\sum_t y_{t-1}^2} \right] \qquad [4.11]$$

此外,我们还可以证明这种偏误不会随着样本量趋于无穷而

消失。具体渐进偏误（asymptotic bias）如表 4.1 所示。

表 4.1 在不同 b 和 p 取值下渐进偏误的大小

b	0.2	0.2	0.2	0.5	0.5	0.5	0.8	0.8	0.8
p	0.1	0.5	0.8	0.1	0.5	0.8	0.1	0.5	0.8
渐进偏误	0.09	0.44	0.66	0.07	0.30	0.43	0.03	0.13	0.18

资料来源：Johnston，1972：308。

$$p(1-b^2)/(1+pb) \qquad [4.12]$$

因此，每当 p 为正数时，我们都有可能高估 y_{t-1} 的影响（Hibbs，1974：292）。所以，y_{t-1} 在自相关等式中的影响通常被夸大了。

希布斯向我们展示出所估计的参数是不一致并且是渐进偏误的，因此无论将样本量扩大到多大，估计值都不会收敛到真值。表 4.1 列举出 b 和 p 的不同取值下偏误的大小。表 4.1 向我们传达的最主要的信息就是，当 b 值较小而 p 值较大时，偏误极其大（请注意被限制在 0 和 1 之间）。

除了在使用 OLS 来估计同时包含自相关误差和滞后因变量的模型所产生的偏误以及不一致性，OLS 估计出的残差 e_t 也不再能够准确地反映出真实的扰动，因为的滞后值 y_t 往往吸收了扰动的系统性影响。简单来说，之前所讨论过的估计 p 值和 d 值的方法现在都会产生严重的偏误。比如说，假如我们使用 b^* 来估计残差，那么便有

$$\hat{e}_t = y_t - b^* y_{t-1} \qquad [4.13]$$

再通过 $\hat{e}_t$ 来估计一阶自相关参数 p，即，

$$\hat{p} = \sum_t \hat{e}_t \hat{e}_{t-1} / \sum_t \hat{e}_{t-1}^2 \qquad [4.14]$$

马兰沃（Malinvaud，1970：460—461）指出渐进偏误 $\hat{p}$ 为

$$- p(1-b^2)/(1+pb) \qquad [4.15]$$

这恰恰就是 b^* 中渐进偏误的负值。因此，如果 p 值为正数那么偏误便是负数。而如果 b 值较小而 p 值较大并且是正数时，我们便会严重地低估序列相关的大小。

现在我们再来看看 Durbin-Watson 法的 d 统计值。约翰斯顿（Johnston，1972：310）指出其渐进偏误为

$$2p(1-b^2)/(1+pb) \qquad [4.16]$$

这刚刚好是 b^* 偏误的两倍。因此，如果 p 值为正数，那么 d 值的偏误上升；如果研究者意识到较小的 d 值往往存在正向序列相关，那么这个问题的严重性便一目了然了。表 4.2 表明当 $p=0.5$ 且 $d=1.00$ 时，d 值在 b 值不同的偏误。我们可以看到，偏误在所有情况下都是正的而且通常非常大。我们可以由此得出的结论是，当正向自相关存在且模型包含滞后内生变量的时候，d 值向 2.00（随机误差的值）方向发生偏误。

表 4.2   当 $p = 0.50$ 且 $d = 1.0$ 时 d 中渐进偏误的大小

b	0.9	0.7	0.5	0.3	-0.5	-0.7	-0.9
渐进偏误	0.13	0.38	0.60	0.79	1.00	0.78	0.35

资料来源：Johnston，1972：311。

我们从这些结果中可以了解到些什么？也许最重要的是，如果模型以因变量的滞后值作为解释变量并且存在正向序列相关，那我们便很有可能过高地估计模型的拟合情况。具体来说，我们很可能高估 b，低估 p，而 d 则会朝 2.00 方向

发生偏误。这种情况潜在危险性很大,因为我们将在存在严重问题的情况下对模型进行很强的推论。然而,约翰斯顿(Johnston,1972:311)指出也许我们过虑了,因为在这一部分我们得到的仅仅是简单模型的结果。事实上,马兰沃(Malinvaud,1970:462—465)向我们证明,当加入其他解释变量(X_t 和 X_{t-1})之后,偏误尽管还是很大,但它的绝对值减小了。因此,我们有可能在以 X_t 为代价的情况下高估 Y_{t-1} 的系数。反过来说,这也意味着我们也许会错误地推断动态项的重要性。所以,当显著自相关存在时,我们有必要发展出新的检验序列相关的指标与新的估计方法。

第 3 节｜用滞后内生变量来检验模型中的自相关

　　基于前面部分的结果,我们有必要发展出一种可以替代常规 Durbin-Watson 检验的方法用以判定当一个模型包含一个或多个内生滞后变量时的序列相关情况。杜宾(Durbin, 1970)提出了两种相关检验。此外,在前面部分讨论过的 Breusch-Godfrey 检验也可以被看做是第二种 Durbin 检验的一般形式。

　　第一种检验被称为 Durbin h 值。尽管它并没有被广泛地使用或讨论,但它却可以很简单地被任何常规的 OLS 回归软件计算出来。进行这个检验需要遵循下面步骤(Kmenta, 1986:333)。

　　1. 生成参数的 OLS 估计。

　　2. 使用 $\hat{p} = 1 - d/2$ 来估计 p,其中 d 即 Durbin-Watson 检验中的 d 值。

　　3. 确定 $\mathrm{var}(\hat{b}^{*})$。其中 $\mathrm{var}(\hat{b}^{*})$ 为 $\hat{b}^{*}$ 的系数的样本方差。不管等式中包含多少个的滞后项,研究者都应该使用 Y_{t-1} 系数的方差。

　　4. 使用下列方程来计算 Durbin h 值:

$$h = \hat{p} \sqrt{\frac{T}{1 - T\mathrm{var}(b^*)}}$$

其中 T 指代样本量。

Durbin h 值随后被证实为服从标准正态分布。(注:不要使用 Durbin-Watson 表)即,当 $h > 1.64$ 时,我们可以在 0.05 水平上拒绝自相关为零的虚无假设。这个检验主要应用于样本量大于 30 的情况。

第二种检验也由杜宾研发,它被主要应用于 $T\mathrm{var}(b^*) > 1$ 的情况。在这种情形下,Durbin h 值便失效了,因为它牵涉到一个负数的平方根。作为替代,杜宾提出了下列步骤 (Kmenta,1986:333 将该方法称为 m 检验)。

1. 使用 OLS 来估计相关关系。

2. 计算 $\hat{e}_t$ 与 $\hat{e}_{t-1}$。

3. 使用 Y_{t-1}、X_t 与 $\hat{e}_{t-1}$ 对 $\hat{e}_t$ 做回归。简单来说,包括所有原来在等号右边的变量再加上 $\hat{e}_{t-1}$。

4. 检验步骤 3 中 $\hat{e}_{t-1}$ 的回归系数的显著性;如果它在所选择的水平上显著,那么它便可以被看作一个显著自相关存在的指标。

卡门塔(Kmenta,1986:333)总结道:"如果考虑到各个方面,那么 m 检验是要优于 h 检验的。"他同时也指出,m 检验可以通过纳入额外的滞后项(比如说,$\hat{e}_{t-1}$)来检验高阶自相关的存在。此外,我们需要注意的是,它事实上同 Breusch-Godfrey 检验(Johnston,1984:319—321)是等价的。因此,一旦加入额外的滞后项,前面所讨论过的 Breusch-Godfrey 卡方检验便可用作检验系数的联合显著性。这也使研究者能够同时检验误差项中的 AR(p)过程以及 MA(q)过程。

第 4 节 | **估计**

在讨论不包括滞后内生变量但包括自相关误差的模型时,我们提出了 GLS 估计方法。而所有那些讨论也适用于包括滞后内生变量的模型。让我们来看看下面的模型:

$$Y_t = a + b_1 X_t + b_2 Y_{t-1} + e_t \qquad [4.17]$$
$$e_t = p e_{t-1} + \nu_t$$

ν_t 满足假设 3、假设 4 和假设 5。

然后,如果 p 已知,研究者便只需将等式 4.17 转化如下:

$$Y_t - p Y_{t-1} = a(1-p) + b_1(X_t - p X_{t-1}) \qquad [4.18]$$
$$+ b_2(Y_{t-1} - p Y_{t-2}) + \nu_t$$

再直接使用 OLS 进行估计。估计的结果将是有偏的,但它是一致并且渐进式有效的。不过这种方法仅仅适用于 p 值已知的情况。如果 p 值未知,我们就必须确定产生扰动项过程的性质,估计它的参数,然后再转化数据。简单来说,我们必须使用 EGLS 步骤。

第 5 节 | EGLS 估计

与之前的讨论不同,Y_t 滞后值的存在意味着普通估计 p 的方法将产生不一致的估计。因此,我们将在这部分讨论的 EGLS 步骤与前面所讨论的不同。当模型包含滞后内生变量时,EGLS 通常需要分两步进行。首先,我们有必要使用工具变量法来获得残差具备一致性的估计。其次,残差的一致性估计可以反过来判定误差过程并确认 $\hat{p}_t$ 的初始参数估计。

从本质上来说,等式 4.17 存在两个问题:首先,Y_{t-1} 与当前扰动项相关;其次,e_t 存在自相关。工具变量法可以处理第一个问题并从而产生回归参数一致性的估计。其中基本问题在于 Y_{t-1} 与 e_t 相关联。只要我们能够找到一个不与扰动项相关却与 Y_{t-1} 相关的新变量 Z_t,我们便可以使用工具变量(IV)法。卡门塔(Kmenta, 1986:532)与约翰斯顿(Johnston, 1984:364)建议使用下面工具变量:

$$Z_t = X_{t-1}$$

显然,X_{t-1} 并不与扰动项相关,但它通常与 Y_{t-1} 相关。

工具变量法可以得到一致性的参数估计,因为两个解释变量(X_t 与 Y_t)现在都不与当前扰动项相关了。但是,因为残差包含自相关,所以估计得到的系数并不显著。简单来说,现在的情况与包含自相关的情况类似。IV 估计的最显著的特性在于它可以提供具有一致性的残差估计。使用 IV-$\hat{e}_t s$,我们可以通过检验其 ACF 与 PACF 来判定产生误差的时间依赖过程的性质。

一旦确定了 AR(p)过程或 MA(q)过程的顺序,我们便有必要发展出适当的参数 p 或 q 的初始估计。以 AR(1)过程为例,我们可以通过估计下列等式而达到目的:

$$\hat{e}_t = p\,\hat{e}_{t-1} + \nu_t$$

需要注意的是,我们必须抑制常数项从而得到 $\hat{p}$ 的一致性估计。

IV-$\hat{p}$ 为我们开展迭代性估计的计算提供了方便。从这种意义上来说,我们有几点必须注意的地方。首先,约翰斯顿(Johnston,1984:367)指出,如果研究者选择使用 Cochrane-Orcutt 迭代方法,那么这有可能会导致不一致的估计值。因为如果它从 $p=0$ 时开始搜索,它有可能在局部最大值处收敛。为了保证一致性,他建议从 IV-$\hat{p}$ 处开始 Cochrane-Orcutt 法的迭代步骤。其次,作为最后的检查,约翰斯顿(Johnston,1984:367)建议使用最大似然值的网格图来检查 p 值的范围(-1 到 +1)。

例子

为了说明在本部分需要讨论的操作原理,我们构建了下面的模型(以后被称为模型 5):[9]

$$Y_t = 20 + 5X_t + 0.25Y_{t-1} + e_t$$

$$e_t = 0.8e_{t-1} + \nu_t$$

估计结果由 TSP 软件的下列命令获得(每一步都有注释提供说明):

下列命令将得到 OLS 的初始估计,它可作为初步的序列相关检验。需要注意的是,当滞后内生变量存在于等式之中时,TSP 软件可以自动计算并报告 m 检验的结果。

OLSQ Y C X Y(- 1);

下面命令开始工具变量估计,其中 $X(-1)$ 为 $Y(-1)$ 的工具变量;

OLSQ Y C X X(- 1);

工具变量回归得到的拟合值被用作计算 IV 残差。需要注意的是,@FIT 是因变量估计值的 TSP 内部标示符。

GENR IVRES = Y - @FIT;

然后,IV 残差被输入 Box-Jenkins 程序用以计算 ACF 和 PACF。基于这一步的结果,我们便有可能确认时间依赖过程的性质与顺序。

BJIDENT(PLOTAC) IVRES;

如果时间序列过程是一个一阶自相关过程,那么下面的命令(设常数项为 0)可以提供 $\hat{p}$ 的初始估计。

OLSQ IVRES IVRES(- 1);

一旦 $\hat{p}$ 被估计出来,我们便可将该值设定为 Cochrane-Orcutt 迭代估计的初始值。

AR1(METHOD = CORC, RSTART = 0.746, TOL = 0.001) Y C X Y(- 1);

一旦我们得到 Cochrane-Orcutt 的估计值,明智的做法是再进而计算 EGLS 残差并估计 ACF。这使我们得以检验

EGLS 残差是否是随机分布的(白噪音)。

GENR EGY = Y − .719 ∗ Y(−1);

GENR EGX = X − .719 ∗ X(−1);

GENR EGA = 21.611 ∗ (1 − .719)

GENR EGYHAT = EGA + 4.089 ∗ EGX + .302 ∗ EGY(−1);

GENR EGRES = Y − EGYHAT;

BJIDENT EGRES;

作为 Cochrane-Orcutt 迭代方法的最后检查,我们可以计算所有 p 值的似然方程。

AR1(METHOD = HILU, RMIN = 0.01, RMAX = 0.999, TOL = 0.001)Y C X Y(−1);

尽管我们也可以使用其他软件来计算模型 5 的估计值,TSP 软件却可以提供一个最为方便的框架使我们完成所有的步骤。

使用 OLS 估计模型 5 并得到下面结果:

$$Y_t = 6.304 + 0.939X_t + 0.820Y_{t-1}$$
$$(3.207)\quad(2.108)\quad\quad(12.674)$$
$$DW = 1.510$$

Durbin-Watson 法 d 值的范围落在 1.503 与 1.583 之间。因为 Durbin-Waston 值落在一个封闭的区间内,所以研究者也许会产生回避问题的冲动。但是,基于在包含滞后内生变量的模型中 Durbin-Watson 法的 d 值会朝 2.00 方向发生偏误,我们有必要尝试其他的检验。我们发现,Durbin h 值等于 2.4, m 检验的值等于 2.42。这些相关检验清楚地表明自相关是存在的。

为了检验误差的程度,让我们来比较 OLS-$\hat{e}_t$ 与 IV-$\hat{e}_t$ 的 ACF 估计值:

滞后期	OLS-$\hat{e}_t$	IV-$\hat{e}_t$
1	0.214	0.746
2	0.066	0.496
3	−0.123	0.288
4	0.013	0.180
5	0.047	0.077
6	−0.047	−0.029

OLS-$\hat{e}_t$ 的 ACF 估计值会让我们得出结论,只存在很弱的序列相关。然而,IV-$\hat{e}_t$ 的 ACF 估计值却向我们提供有力的证据表明,因为 $\hat{p}=0.746$,所以存在一阶自相关过程。当我们使用 $\hat{p}=0.746$ 作为 Cochrane-Orcutt 迭代性方法的初始值时,我们得到以下参数估计值(六次迭代之后):[14]

$$Y_t = 21.611 + 4.089X_t + 0.302Y_{t-1}$$
$$(3.016)\quad(3.763)\quad(1.601)$$
$$= 0.719(4.729)\quad DW = 2.045$$

其中括号里的数字为 t 比率。作为模型完备性的最后检验,我们估计得到 EGLS 的 ACF,它看起来是随机的。

需要注意的是,当不为 Cochrane-Orcutt 迭代步骤设定初始值的时候,它会在 $\hat{p}=0.343$ 处(显然是一个局部最大值)收敛。

$$Y_t = 9.919 + 1.896X_t + 0.679Y_{t-1}$$
$$(1.720)\quad(1.525)\quad(3.473)$$
$$= 0.343(1.474)\quad DW = 2.043$$

其中括号中的数字为 t 比率。正如我们所看到的,两组估计值存在巨大的差异。我们由此可以得知,使用 $\hat{e}_t$ 的初始 IV 估计值是有作用的,因为它让估计过程不会在一个局部最大值中进行收敛。

作为最后的核对,Hildreth-Lu 网格搜索法被用以检查在 0.001 置信区间范围内的所有的 p 值。在此方法的基础上,我们可以得到下面的估计值:

$$Y_t = 20.576 + 3.942X_t + 0.332Y_{t-1}$$
$$(3.158) \quad (2.631) \quad\quad (2.268)$$
$$= 0.691(7.299) \quad\quad DW = 2.051$$

其中括号里的数字为 t 比率。需要注意的是,这些并不是完全最大似然估计的值,有两个观测值丢失了。

如果序列相关没有被纠正,又或者纠正过程在一个局部最大值而不是实质最大值处就已经收敛,我们会从模型 5 中得到非常不同的结论。现在十分清楚的一点是,之前观察到的 Y_{t-1} 的系数在模型 5 情况下产生的偏误可以被证实。基于 OLS 估计的结果,我们可知 Y_{t-1} 远不是最重要的变量。一旦我们对序列相关进行纠正,滞后内生变量就变得不那么重要了。

第 6 节 | 改良型比率目标模型

在结束滞后内生变量与自相关的讨论之前，我们还会介绍一种基于前面所提及的分布式滞后逻辑而提出的改良型比率目标模型。即美国可能会关注过去苏联国防开支的范围。这可以简洁的形式表达如下：

$$Y_t = a + b_1 X_t + b_2 Y_{t-1} + e_t \qquad [4.19]$$

其中所有的项都在前面定义过了（请注意它们与 Ostrom，1977 一文的相似性）。使用 OLS 来估计这个模型可以得到下面结果：

$$Y_t = 1.731 + 0.289 X_t + 0.773 Y_{t-1}$$
$$(0.612) \quad (4.309) \qquad (9.995)$$
$$\mathrm{DW} = 0.937 \qquad T = 20$$

Durbin 的 m 检验值为 2.50，这意味着显著序列相关的存在。当我们使用模型 5 的 EGLS 估计步骤来估计这个模型时，Cochrane-Orcutt 迭代方法会产生下面的参数估计值（四次迭代之后）：

$$Y_t = -0.331 + 0.411 X_t + 0.650 Y_{t-1}$$
$$(0.008) \quad (4.186) \qquad (6.275)$$
$$\hat{p} = 0.449(2.239) \qquad \mathrm{DW} = 1.902$$

其中括号里的数字为 t 比率。

在国际关系文献中,一直存在有关美国国防开支究竟是受苏联国防开支影响还是受国内动态影响的持续争论(Ostrom and Marra,1986)。现在我们可以十分清楚地指出,当前苏联国防开支与过去美国国防开支水平都会对政策制定产生影响。但是,如果研究者没有纠正残差中的序列相关,那么他们便会得出结论说官僚冲动(以 Y_{t-1} 的形式表达)是当前美国国防开支水平的主要推动力。而一旦考虑到序列相关的问题,他们做出的结论便会发生很大变化——除了官僚冲动,有清楚的证据显示美国国防开支水平在回应苏联国防开支水平。改良型目标比率模型为我们提供了一个很好的例子来说明统计上的错误是如何导致实际问题结论的错误。为了能够完全弄清模型的具体含义,我们有必要关注理解等式 4.19 动态意涵的一系列高级话题。

第 7 节 ｜ **对分布式滞后模型的解释**

　　一旦内生变量的滞后值被纳入模型之中，我们便有必要考虑应该如何解释所估计的模型了。在我们就分布式滞后模型的讨论中，我们探讨了 X_t 滞后值的下降指数型权重与一个类似等式 4.19 模型之间的关系。一旦要估计类似等式 4.19 的模型，我们应该记住所估计的 Y_{t-1} 的系数包含过去的取值会如何影响 Y_t 的信息。

　　让我们来分析下面的等式：

$$Y_t = b_0 + b_1 X_t + b_2 Y_{t-1}$$

在整理多项式之后，Y_t 当前和滞后的值都可以被放在等式的左边。我们可以使用滞后算子（lag operator）的代数方法将 Y_t 从等式中"除去"（Johnston，1984：345）。其结果可以用下面的等式来表达：[15]

$$Y_t = a^* + \sum_{i=0} b_1 b_2^i X_{t-i}$$

其中 b_1 为 X_t 的系数而 b_2 为 Y_t 的系数。这可以被表达为以下形式：

$$Y_t = a^* + c_0 X_t + c_1 X_{t-1} + c_2 X_{t-2} + c_3 X_{t-3} + \cdots$$

其中 c_i 被定义如下：

$$c_0 = b_1$$
$$c_1 = b_1 b_2$$
$$c_2 = b_1$$
$$c_3 = b_1$$
$$\vdots$$
$$c_i = b_1$$

c_i 的系数有下列特定名称:c_0 为效应乘数(impact multiplier),$c_1(i \neq 0)$ 为中介乘数(intermediate multiplier),而

$$\sum c_i$$

($i = 0,1,2,\cdots$)为累积乘数(cumulative multiplier)。约翰斯顿(Johnston,1984:346)提出了一个可以确定累积乘数值的公式。尽管该公式非常复杂,但在当前情况下它等于

$$b_1/(1 - b_2)$$

如果 X 保持在一定的水平,比如说 $\overline{X}$,并持续 s 个时期,那么 $\overline{Y}$ 的均衡值便等于

$$\overline{Y} = a^* + \sum c_i \overline{X}$$

回到由各种乘数得到的信息,让我们来研究一个由约翰斯顿(Johnston,1984:344)所提出的例子。如果 $\overline{X}$ 在 t 时期点发生变化但随后保持恒定,那么 $\overline{Y}$ 也会在发生下面变化后逐渐移动到一个新的均衡点:

时期 t:	$c_0 \Delta X$
时期 $t+1$:	$c_1 \Delta X$
时期 $t+2$:	$c_2 \Delta X$

以此类推。因此，我们可知效应乘数表明会立刻发生多少变化，中介乘数表明在之后时期的效应，而累积乘数则表明当其他一切条件恒定时，外生变量发生一个单位的变化对于内生变量的总体效应。

再回到之前部分所讨论的改良型目标比率模型，我们可以确定苏联国防开支在一定时期内是如何影响美国国防开支的。请不要忘记这个模型的下列估计结果：

$$Y_t = -0.331 + 0.441X_t + 0.650Y_{t-1}$$

表 4.3　由所估计等式 4.19 得到的动态含义

滞后期	c_i	标准系数	累积值
1：	0.411	0.350	0.350
2：	0.267	0.227	0.577
3：	0.173	0.147	0.724
4：	0.113	0.096	0.820
5：	0.073	0.062	0.882
6：	0.048	0.041	0.923
7：	0.031	0.026	0.949
8：	0.020	0.017	0.966
9：	0.013	0.011	0.977
10：	0.008	0.007	0.984

注：累积乘数 = 1.174。

相关乘数被报告在表 4.3 中。该表包含效应乘数、中介乘数以及累积乘数的非标准化形式与标准化形式（需要注意的是该表只报告了第一到第十个滞后项的乘数）。

正如我们在表 4.3 中所看到的，效应乘数为 0.411，这代表苏联国防开支对美国国防开支的直接效应为 10 亿美元。其他非标准化的 c_i 代表了这 10 亿美元的效应在第二到第十个滞后项中的变化。我们可以看到，中介乘数是呈指数下降的。而累积乘数则表明苏联国防开支增长 10 亿美元最终导致美国国防开支增长 11.71 亿美元。因此,对于那些与等式 4.19 相似的模型来说,滞后内生变量的存在意味着内生变量变化的影响会持续相当长的一段时间。

因此,改良型目标比率模型十分清楚地表明,美国的政策制定者确实在回应苏联的国防开支水平。但是,这种回应往往需要好几个时间段才完成。

第 8 节 | 结论

在结束这一部分之前,我概括以下几点。首先,研究者由改良型目标比率模型所得到的实质性推论为美国如何随着苏联国防开支水平的变化逐渐提高自己的国防开支提供了一个有趣的描绘。分布式滞后方法——以及使用滞后内生变量来提供简洁的表达形式——是一个有前景的领域。但是,当因变量的滞后值被当做解释变量的时候,序列相关会产生更加严重的后果。

其次,使用工具变量来获得误差项一致性的估计十分重要。它不仅可以提供一种判定产生自相关的时间依赖过程的方法,也提供了可被用作迭代性估计的 p 的初始估计值。正如前面所论述的,让 Cochrane-Orcutt 过程从 $\hat{p} = 0$ 处开始可能会对研究者所进行的推理产生严重的影响。

第三,正如前面所提到的,卡门塔(Kmenta, 1986:334)指出显著自相关的存在会提高模型误设的可能性。贾奇及其同事(Judge et al., 1985:321—322)就"区分动态和自相关"也提出了一个相似的论点。为了解决这个问题而引入 Y_t 和 X_t,或者试图纠正自相关,往往会造出新的问题。但正如贾奇及其同事所指出,目前并没有解决这个问题的固定方法。[16]

第四,EGLS 软件并不能产生 R^2 与 S^2 的恰当估计值。而为了获得这些估计值,我们必须"结合一致性的参数估计以及原始数据/模型从而生成拟合值"(Hibbs,1974:297)。这便需要估计下面的一组关系:

$$Y_t = a + b_1 X_t + b_2 \hat{Y}_{ty} + e_t$$

然后再使用下列形式的 $\hat{a}$、$\hat{b}_1$ 以及 $\hat{b}_2$ 来获取 Y 的拟合值:

$$\hat{Y}_t = \hat{a} + \hat{b}_1 X_t + \hat{b}_2 Y_{ty}$$

反过来,它们也可以被代入并表达为如下形式:

$$R^2 = \frac{\sum (Y_t - \hat{Y}_t)^2}{\sum (Y_t - \overline{Y})^2}$$

$$s^2 = \frac{\sum [(Y_t - \overline{Y}) - \hat{b}_1(X_t - \overline{X}) - \hat{b}_2(Y_{ty} - \overline{Y})]^2}{T - 3}$$

因此,我们可以清楚地看到当序列相关与滞后内生变量同时存在于模型之中时,不正确的估计方法会造成十分严重的后果。

最后,研究者每当将滞后内生变量包括在方程中,便必须考虑整个动态过程。为了全面了解内生变量的变化所产生的影响,研究者需要同时关注效应乘数、中介乘数以及累积乘数。

第 **5** 章

预　测

　　到目前为止，我们已经集中讨论了如何建立随时间变化的变量之间的关系。在一个特定样本之中，这个任务主要是要确定因变量与自变量之间关系的性质与强度。在实现这一点之后，我们便要考虑如何使用一个估计模型。使用时间序列模型的主要作用在于它可以预测因变量。而预测的主要目的又在于超越样本的限制做出推断并进而将结论推广到非样本的情形（Klein，1971：10）。因此，在本书剩下的部分，预测将被定义为"基于由样本观测值得到的关系对不在样本中的情形做出具体的描述"（Klein，1971：10）。

　　这一类的预测至少有两种不同的作用。首先，它们可以被用来评估一个参数已被估计的模型。为了说服潜在使用者一个模型具备预测的能力，我们通常有必要提供一些证据来证明所讨论的模型可以产生精确的预测。其次，一系列预测可被用来做推论，尤其是涉及某些类别行为的政策意义时。一旦一个模型被证实可被用作推论，研究者便可以在观察特定类别的行为并确定这些行为的意义之后做预测。如果外生变量是与政策有关的，这种方法便显得特别有用。这时的模型预测便可被看做是对"预先设定的一些变量在某些特定取值下可能产生的效应"所做出的有依据的猜测。非常显然,预测的这两种作用是密切相关的,因为在政策制定者使用一个模型之前,该模型必须被证明具备产生精确预测的能力。在预测方面对模型进行评估就是为了达到这个目的。一旦一个模型"通过"了这一步,它被可以成为政策制定者在评估替代性政策意义时的备选。

为了像上面所讨论的那样使用预测,相关数据必须被分成不同的两组:样本(包含 T 个观测值)和后置样本(post sample)(包含 m 个观测值)。尽管这种扣留样本中一部分的做法受到批评(比如说,Christ, 1966:546—548),也有观点认为(Dhrymes et al., 1972:306—308):

> 在现实的状况下(模型选择的过程、各种各样的假设检验、一系列其他的"实验"再到所有的数据挖掘),留下一部分数据用以评估产生结果的模型并不失为一种明智的决定……如果模型通过了预测检验评估,那么所保留下的 m 个观测值……便应该被纳入样本,并且在包含全部观测值($T+m$)的情况下重新评估该模型。如果模型不能通过预测检验评估,那么它自然应该被重新放回"设计阶段"。

如果所研究的模型通过了预测能力评估(比如说,如果有证据能够证明预测足够精确),那么两部分数据便可被合并成为一个包含 $T+m$ 个观测值的大数据。这时模型参数可被重新检验,而被修正的模型便可被用作预测未知的将来。

鉴于上面的区分,我们可以清楚地知道两种预测的使用方法。第一种,下文称为事后预测(ex-post-forecast),是一系

列包括 m 个非样本数据点的预测。具体来说，它们是对 m 个特意从样本中扣留的数据点做的预测。第二种，下文称为事前预测（ex-ante-forecast），则是一系列就未知将来做出的预测。

总结来说，事后预测可被用来评估模型对研究者感兴趣的变量进行预测的能力。如果它表明一个模型具备精确预测的能力，那么研究者就可以进一步使用一系列事前预测来为变量未来的发展做出有依据的猜测。需要注意的是，一个模型在一种预测中的良好表现并不能保证其在另一种预测当中也有相同的表现。

这部分余下的内容将会关注预测之所以会包含错误的原因。为了找到这些原因，我们首先会讨论预测产生的过程。接下来，我们再进一步探讨预测评估的话题。最后，我们会报告美国国防开支的事前预测与事后预测。

第 1 节 | 预测误差

我们可以预期所有的预测都会产生一定的误差。我们可以通过思考下面这个简单的预测问题来了解其中的原因。假设我们有这样一个模型：

$$Y_t = a + bX_t + e_t \qquad [5.1]$$

我们可以利用对过去的了解来推断将来。因此，对 Y_{T+1}（比如说，第一个事后样本的值）的一个合理预测应该是它的期望值

$$E[Y_{T+1}] = \hat{a} + \hat{b} X_{T+1} \qquad [5.2]$$

实际 Y_{T+1} 与 $E[Y_{T+1}]$ 会因为下面两个原因而不同：首先，预测值包含随机扰动项 e_{T+1}；其次，由于抽样误差的原因，样本回归线并不会等同于总体回归线。卡门塔（Kmenta，1986：249）向我们展示了因变量实际值与预测值之间的差别，此后我们将其称为预测误差。它具体被表达如下：

$$Y_{T+1} - \hat{Y}_{T+1} = (a + bX_{T+1} + e_{T+1}) - (\hat{a} + \hat{b} X_{T+1})$$

$$[5.3]$$

该误差可用一个均值为零，方差如等式 5.4 所示的正态分布的随机变量来表示（Kmenta，1986：250—251）：

$$s_{\text{F}}^2 = s^2 \left[1 + \frac{1}{T} + \frac{(X_{T+1} - \overline{X})^2}{\sum_t (X_t - \overline{X})^2} \right] \qquad [5.4]$$

其中 s_{F}^2 是预测方差,s^2 是样本方差,X_{T+1} 是内生变量的事后样本值,而 T 则代表样本量。这意味着,当(1)样本量越大,(2)解释变量的值越离散,(3)X_{T+1} 与 $\overline{X}$ 之间的距离越小,预测误差便会越小(Kmenta,1986:251)。卡门塔(Kmenta,1986:250)随后又做如下注释:

> 前两个结论是十分清楚的。它们反映出这样的事实:总体回归线被估计得越好,预测误差的方差便会越小。但第三个结论却更加的有趣:它告诉我们,我们的预测对于更加靠近的值比更加远离 $\overline{X}$ 的 X_{T+1} 值要更准确。而这个结论也是与我们可以直观感受到的论点(即我们在一定经验范围内能更好地进行预测)是一致的。在这个例子中,我们的经验范围指的是解释变量 X 的样本取值,而该范围的中心点为 $\overline{X}$。我们要预测的事情离我们越远,我们的预测便会越不准确。

在研究双变量关系时,预测误差的性质如图 5.1 所示。对于离样本均值十分接近的值 X_{T+1} 来说,标准误差带(width between the error bands)十分窄。但对于那些离均值十分远的取值来说,带宽变大了。

我们可以使用有关预测误差的知识就所生成的预测进行概率描述。鉴于预测误差呈标准正态分布,同时其均值为零、方差为 s_{F}^2,它可以被表达如下:

$$[Y_{T+1} - \hat{Y}_{T+1}]/s_F = t_{T-2} \qquad [5.5]$$

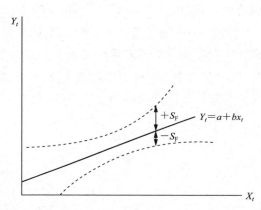

资料来源:Klein,1974:261。

图 5.1 预测的标准误差

这使我们可以围绕预测值构建一个置信区间。该置信区间包含一定时期内 Y_{T+1} 真实值的特定比例。该区间可被表示为

$$\hat{Y}_{T+1} \pm t_{T-2} s_F \qquad [5.6]$$

其中 t_{T-2} 指代当自由度为 $T-2$ 时标准分布表中的 t 值。该预测区间可以被理解为一个置信区间;等式 5.6 的区间将包含由所选择 t 值水平所决定的一定时期内真实值的特定比例。

因此,这是有可能可以生成预测的。但这些预测值将包含一定来自两种不同来源的误差。我们可以估计出误差的大小并构建出预测区间。

到目前为止,我们应该明智地区分出点预测(point forecast)和区间预测(interval forecast)。点预测指的是对一个变

量单独的预测值。区间预测则提供了一个研究者可以找到在特定时间内一定比例真实值的区间。根据克赖斯特(Christ，1966:543)，我们将主要关注点预测，因为单独的预测值往往更容易操作并且对政策制定者来说也更加有用。鉴于之前我们已经介绍过如何计算预测区间，下面我们将把注意力放在点预测的生成与评估上。

第 2 节 | 预测生成

正如许多人所料想的,生成点预测的最佳方法是使用下面的式子:

$$Y_{T+i} = \hat{a} + \hat{b} X_{T+i} + e_{T+i} \qquad [5.7]$$

其中 $\hat{a}$ 和 $\hat{b}$ 是在我们的假设之下最好的估计值,同时我们还假设 e_{T+i} 均值为零,方差恒定且不存在序列相关。这样,当 $\hat{a}$ 和 $\hat{b}$ 是最合适的最小二乘估计值时,Y_{T+i} 的预测值是最好的线性无偏估计值。根据泰尔(Theil, 1971:123),这意味着"其他任何同样线性无偏的 Y 的预测值都存在更大的预测误差"。

这种对一般线性模型的扩展也会出现例外情况,其中最主要的情况发生在当扰动项不是序列性独立的时候。当序列相关存在,我们的预测值会在很大程度上被影响。具体来说,正如约翰斯顿(Johnston, 1972:246)所论述,在这种情况下的预测值是无效的,即会导致"预测值带有不必要的大抽样方差"。预测过程存在序列相关的问题可以同样使用解决样本中存在序列相关的方法。当 e_{T+i} 与 e_{T+i-1} 相关时,任何忽略误差的预测方法都可以如此改进。比如说,当我们来讨论下面的模型:

$$Y_{T+i} = a + bX_{T+i} + e_{T+i} \qquad [5.8]$$

$$e_{T+i} = pe_{T+i-1} + v_{T+i}$$

其中 v_{T+i} 满足所有的一般性假设。克莱恩（Klein，1974：271）提出了两个可以在存在序列相关误差项时进行预测的替代性公式。第一个公式需要将每一个不同时期代入扰动项。由等式 5.8 我们可知，

$$e_{T+i} = p(Y_{T+i} - a - bX_{T+i}) + v_{T+i} \qquad [5.9]$$

将 e_{T+i} 进行替换，然后 Y_{T+i} 便可被表达为

$$Y_{T+i} = a(1-p) + bX_{T+i} - bpX_{T+i-1} + pY_{T+i-1} + v_{T+i}$$

$$[5.10]$$

此后我们便可假设 v_{T+i} 的期望值为零，再使用下面公式生成预测：

$$Y_{T+i} = a(1-p) + bX_{T+i} - bpX_{T+i-1} + p\hat{Y}_{T+i-1}$$

$$[5.11]$$

其中

$$\hat{Y}_{T+i-1} = a(1-p) + bX_{T+i-1} - bpX_{T+i-2} + p\hat{Y}_{T+i-2}$$

正如我们所看到的，因为我们通常并不知道滞后内生变量确切的值，我们必须估计它们。因此，除了一般性的预测误差来源，我们还必须允许 Y_{T+i-1} 具有变化性。这种改变使得计算预测的标准差变得更加复杂（Klein，1974：268）。对于一个时期的预测而言，刚刚所讨论的估计滞后内生变量的问题并不存在，因为滞后内生变量的值大概是已知的。但是，当我们需要生成超过未来一个时期的预测时，问题就出现了。

第二种生成预测的方法,克莱恩(Klein,1974:271)提议说,我们可以简单地忽略掉之后样本时期(postsample period)中的序列相关。由于之前等式进行预测要涉及使用比不存在序列相关的情况更久远的滞后项,因此这有可能会因为整合有关误差项表现的假设而累积误差。综上,克莱恩(Klein,1974)总结说,并没有清楚的证据表明第一种预测方法要比下面等式表现得更好:

$$Y_{T+i} = \hat{a} + \hat{b} X_{T+i} + 0 \qquad [5.12]$$

其中 $\hat{a}$ 和 $\hat{b}$ 为参数的 GLS 估计值,而该式子的误差项被假设为零。

因此,如果样本时期中存在序列相关,我们生成点预测时便陷入了两难的困境。该困境涉及我们究竟应该使用什么方法来生成预测。尽管从理论上来说存在两种不同的方法,但是因为没有清楚的证据显示哪一种方法更好。在这样的情况下,似乎使用第一种方法要更加合理一些,因为它至少考虑到了序列相关。

第 3 节 | 修正预测方程

　　现在我们可以清楚地知道预测的具体数值可由样本参数估计值中获得。但是,我们现在讨论的重点,却是有时我们也许希望预测生成方法没有那么机械。比如说,克莱恩(Klein,1974:278—279)非常使人信服地论述道,在预测生成的过程中尚存在很大的判断与洞察的空间:

　　　　事实告诉我们说,纯数字的方法不能被采用,除非有特殊信息或者个人判断作为补充……我们需要一个客观估计的模型作为框架,从而得以解释特殊的和主观的信息。

这一部分会提供一种客观的方法来生成预测,但研究者必须随时准备辅之以对所研究问题的洞察。正如克莱恩(Klein,1974:279)所提醒的:

　　　　尽管使用计量经济的结果应该越量化越好,但纯粹机械式的尝试是注定要失败的,它甚至被证明还不及那些结合正规估计模型与演绎信息(质性的以及量化的)以及主观判断力的方法。尽管通过使用计量经济的方法,经济预测已经更像是科学而不是人文,但它并没有被还原到纯科学实践的地步。

在记下这些提醒之后,我们现在可以思考应该如何将基于洞察与判断的信息整合到预测生成之中。

取决于我们所处理信息的类型,许多因素都可被纳入预测生成过程。一种重要的信息类型牵涉到预测等式的具体形式。具体来说,样本时期中的结构在后样本时期中还能保持不变吗？如果答案是肯定的,那么所估计的等式便可被直接使用。但如果答案是否定的,我们便有必要改变一个或多个参数的大小。此外,我们也可能需要增减关系中的变量从而将环境中的剧烈变化纳入考量(比如说,战争或者一种新型武器的研发)。就我们一直在讨论的例子而言,如果我们知道美国已经改变了比率目标,我们便可以很简单地在生成预测之前改变那个参数的值。

第二种修正涉及扰动项是如何被使用的;这个议题围绕着我们是否希望通过为每一个预测加入一个随机变量从而正式承认对预测 v_{T+i} 的效应。鉴于我们通常并不掌握应该如何添加这种变量的信息,一般的做法是直接忽略误差项并生成预测,仿佛等式是具有决定性的:这被称作非随机预测。但是,如果扰动项方差已知,我们也许可以通过一个估计的概率分布来获取扰动项,然后再把它加入每一个预测值之中——这被称为随机预测。比如说,在等式 5.8 中,我们可以要么假设每一个 e_{T+i} 的值为零,要么假设 e_{T+i} 的值可被估计并加入到每一个预测值当中。

第三种修正则涉及当外生变量的值未知时的预测生成。

在这种情况下,我们希望设计一种方法来估计这些值。比如说,我们可以假设这个变量服从一阶自相关过程并生成值如下:

$$\hat{X}_{T+i} = b^i X_T \qquad [5.13]$$

然后我们便可以使用预测中所估计的外生变量的值。但需要注意的是,它们需要基于外生变量特定的值来得到。

这些仅仅是研究者可以如何辅助预测生成等式的三个例子。简而言之,无论我们掌握的是哪一种模型过程的信息,它都应该尝试着被整合到预测当中。

第 4 节 | 预测评估

在更加明确地讨论预测准确性之前,我们有必要先做如下设定。当我们说到事后预测时,我们需要用到下面的符号:

$$Y_{T+i} = a + bX_{T+i} \qquad [5.14]$$

然而,对于事前预测来说,符号的形式被表达如下:

$$Y_{T+m+j} = a + bX_{T+m+j} \qquad [5.15]$$

其中

$$t = 1, 2, \cdots, T; 样本$$

$$i = 1, 2, \cdots, m; 后样本(可得到但不包括在样本之中)$$

$$j = 1, 2, \cdots, n; 当前不可得到$$

到目前为止,我们已经讨论了点预测的生成;现在,我们有必要就这些预测的精确性进行评估。这种评估是非常重要的,因为研究者应该了解预测误差的"平均"大小。对预测误差大小的评估,即评估预测值(P_t)与实际值(A_t)之间的差别,始于对一个被称为预测—实现图(prediction-realization diagram)的简单散点图进行分析(Theil, 1966:19—26)。以实际值和模型预测值的大小分别作为横纵坐标轴,我们可以

画出 T 对预测/实现(P_t, A_t)点。作为参照,一条直线连接所有的完美预测值,在这其中预测值与实际值是相等的($P_t = A_t$)。图 5.2 即向我们展示了一个预测—实现图。在完美预测线周围的 T 对预测/实现点越是集中,我们的预测便越是准确。因此对这种离散程度的测量便可被用作对绝对预测精确性的测量。这种测量,即距离完美预测线的标准差,指的是预测值的平均方根误差(root mean square error, RMSE_f)(Klein, 1974:442—444):

$$\text{RMSE}_f = \left[T^{-1} \sum (P_t - A_t)^2\right] Y_2 \qquad [5.16]$$

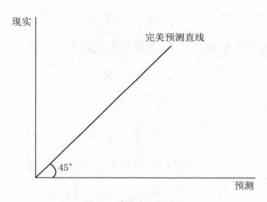

图 5.2　预测—实现图

其中 P_t 是模型预测值,A_t 为实际值,而 T(比如说,t = 1,2, …, T)为预测值的数量。RMSE_f 用以测量距离完美预测线的平均离散程度,预测值的单位与实际值相同。

到目前为止,我们采用一个单独描述性的测量对短时期预测精确性进行评估。鉴于这是一个非参数性的测量,实际上并不存在任何客观的标准(比如说,显著水平)来评估预测的准确性。但是,通过与另一种机械性替代方法(即那种无须事先对政策制定过程进行理论化的方法)的准确性做比较,我们可以判断模型预测的效果。这种替代方法较为简单、快速,它仅仅要求对内生变量的近期情况有所了解。

其中一种具体的替代方法即为简单模型检验(naïve model test)。根据克赖斯特(Christ,1966:572),这是这样的一种检验:

> 包含从本质上比较由一个模型与一个"简单模型"所产生的预测误差。即,设立一个非常简单的假设作为稻草人,再看看一个模型是否能将它推倒。

唯有当所研究模型可以"推翻"简单模型的时候,我们才能将其预测认定为是可靠的。具体来说,我们会使用一个不包含变化的简单模型;该模型将一个时期的值等同于上一个时期的值,再加上一个均值为零、方差为未知常数的随机正态分布项:

$$Y_{T+i} = Y_{T+i-1} + u_{T+i}$$

忽略误差项,简单模型预测变成

$$Y_{T+i} = Y_{T+i-1} \qquad [5.17]$$

尽管这肯定不是一个完美的预测模型,但它的确为我们提供了一个方便简单的用来抛弃不可靠预测值的基本条件。

尽管这样的比较并不能给我们带来结论,它却可以检验有关研究模型所能够产生足够精确预测的假设。正如弗里德曼(Friedman,1951:109)所提醒的:

　　我们可以很容易地看到原因。使用计量经济学模型最本质的目标在于构建一个有关经济变化的假设；所有计量经济学模型都暗含了一个经济变化理论。现在基于经济变化已经存在，最重要的问题就变成暗含在计量经济学模型中的理论能否抽象出推动现实中经济变化的根本动力。这样是否会比由一个模型得出没有任何动力造成这种变化要好呢？简单模型1（原作者注：等式5.17）就是这样的一种模型，它设定每个变量下一年的值会与其这一年的值相等。这个模型否认了任何造成一年到另一年变化的动力的存在……如果计量经济模型并不比简单模型表现更好，我们便可以知道该计量经济模型无法抽象出任何造成这种变化的根本动力，即作为一个理论，它在解释年度变化方面没有任何价值。

如果我们用"国防开支"（或者任何其他的词语）来代替这句话中的"经济"一词，该陈述便会变成一个就所提出的简单模型检验有用性而言十分有力而清晰的论断。但是，我们必须重申的是，简单模型既不是一种严肃的预测方法，也不是一个政策制定行为的竞争性假设。它的作用仅仅在于提供一个比较标准——一个零点，处于该标准之下的预测便是不充分的。

　　在产生预测并测量它们的精确性之后，一个模型与简单或基准模型的比较由下面的精确性比率所决定：

$$\frac{\text{RMSE}_{\text{model}}}{\text{RMSE}_{\text{naive}}} \qquad [5.18]$$

值小于 1.00 意味着所评估模型的预测误差要小于简单模型所产生的预测误差。所以判断相对准确性可以按照下面步骤:(1)如果精确性比率要小于 1.00,所考察的模型要比简单模型更加精确;(2)如果精确性比率大于或等于 1.00,所考察的模型不如简单模型精确。

如果一个模型的预测被证明是精确的,那么该模型可被尝试性地看作一个可以接受的预测模型。需要注意的是任何由其他种类评估得到的数字都可以代替现在由简单模型所得到的数字。比如说,我们可以评估一个模型较其竞争性模型而言的精确性。无论我们具体的标准是什么,一旦一个模型被当作一个较为可接受的预测工具,它便被用以确认内生变量的未来变化轨迹,或者是确认比较其他可能性而言,该变量会使政策产生怎样的变化。这样的步骤被称为事前预测。

第 5 节 | 案例:预测美国国防开支

为了说明本书这一部分的论点,我们会生成美国国防开支的事后估计与事前估计。

事后预测

为了生成事后预测值,我们有必要将数据分为两个部分:样本与后样本。为了说明下面的例子,我们的样本将包括 1967 年到 1987 年的观测值而后样本将包括 1988 年的观测值。鉴于样本量非常小,我们仅仅生成单个观测值的事后预测。对于评估替代性模型来说,事后样本是一个非常有用的工具。在目前的情况下,事后预测值将由下面版本的等式 5.1(与等式 2.1 相同)生成:

1. OLS 估计

2. EGLS 估计,AR(1)误差过程

3. EGLS 估计,ARMA(1,1)误差过程

4. 采用一阶差分法的 EGLS 估计,MA(1)误差过程

事后预测值也可由下面版本的等式 4.19 生成:

1. OLS 估计

2. EGLS 估计,AR(1)误差过程

最后,这些模型会与一个简单不含变化的模型相比较。在生成预测的过程当中,我们将采用把序列相关明确纳入考量的方法,即预测的生成将基于等式 5.11 的估计结果。需要注意的是,我们并不需要估计滞后内生变量,因为它们的值是已知的。事后估计的结果报告在表 5.1 中。

表 5.1　事后预测

等　式	预　　测	预测误差
等式 [5.1]		
OLS	271.67	18.73
EGLS, AR(1)	294.30	−3.90
EGLS, ARMA(1, 1)	293.86	−3.46
EGLS, MA(1)	295.73	−5.33
[一阶差分]		
等式[4.20]		
OLS	299.24	−8.84
EGLS, AR(1)	294.98	−4.58
简单模型	281.99	8.41

　　在比较比率目标模型、改良型比率目标模型和简单模型的表现之前,让我们先来比较用 OLS 和 EGLS 分别得到的 1988 年的事后估计值。正如我们所看到的,在任何情况下,基于 OLS 参数估计值的预测都不如基于 EGLS 估计值的预测精确。但采用 EGLS 方法并且使用所估计残差的序列相关却不会产生对 1985 年到 1987 年总体美国国防开支更精确的预测值。

　　再来比较等式 2.1、等式 4.19 以及不含变化的简单模型的预测精确性。我们可以清楚地看到 EGLS 版本的等式 2.1 与等式 4.20 的表现要优于所对应的 OLS 版本以及不含变化的简单模型。到目前为止,我们所分析的所有 EGLS 版本的预测都很精确。尽管它们预测的差别并不很大,我们还是应该注意到包含 ARMA(1, 1)误差过程的等式 2.1 是最精确的预测等式。在其他方面相同的情况下,它在推断未来之前捕捉到了尽可能多的重要误差过程。

事前预测

为了说明研究者应该如何生成并解释事前预测,我们会采用更加复杂的改良型比率目标模型。事前预测要求 T 个样本时期的观测值与 m 个后样本中的观测值能被合并到一个样本量为 N 的数据库中,在此基础之上所有的参数会被重新估计。就美国国防开支的例子而言,将 1988 年的观测值加入数据再进行重新估计,我们会通过改良型比率目标模型得到下面的结果:

$$Y_t = 0.509 + 0.426X_t + 0.626Y_{t-1}$$
$$(0.008) \quad (4.205) \qquad (5.974)$$
$$\hat{p} = 0.478(2.431) \qquad \text{DW} = 1.820$$

其中括号里的数字是 t 比率。通过使用这些估计值,我们可以生成一系列事前预测。但是,因为它们指向的是未知的未来,这些预测的精确性不能通过 RMSE 来评估。它们的可靠性要基于模型被用作生成事前预测之前就已被仔细地评估过这样的事实之上。

为了生成一系列的事前估计值,类似于等式 5.11 的算法会被采用:

$$Y_{T+m+i} = a(1-p) + b_1 X_{T+m+i} - b_1 X_{T+m+i-1}$$
$$+ b_2 Y_{T+m-1} - b_2 p \ \hat{Y}_{T+m+i-2} + p \ \hat{Y}_{T+m+i-1} \qquad [5.19]$$

其中 ν_{T+m+i} 被假设为零。需要注意的是,此处的注释与等式 5.15 中的十分相似。因为这里的预测指向未知的未来,所以有一些变量的值便可能是未知的,这将导致该预测与前面所讨论的事后预测之间存在巨大差别。事前预测往往是跨时期并且是有条件性的。一个跨时期的预测使用最近滞后内生变量的预测值来生成下一时期的预测。比如说,在等式 5.19 中, Y_{T+m} 与 Y_{T+m-1} 被用来预测 Y_{T+m+1} ,而 Y_{T+m+1} 与 Y_{T+m} 则被用来预测 Y_{T+m+2} ,以此类推。当假设一定外部事件的存在之后,一个条件性的预测便具备资格了。在对等式 5.19 的讨论中,预测的生成必须建立在参数值不变以及 X_{T+m+i} 是已知或可被估价的条件之上。

研究者可以设计出一系列不同的情况,其中不同条件的组合可被用以确认模型在各种假设情形下的稳健性。对于每一种情况来说,我们都可以生成内生变量的一个替代性的未来时间路径。如果一种情况包含大量不同的可能性,其替代性未来便可为政策制定者提供一个内生变量在将来可能的取值范围。此外,如果一个政策可被定义为一组特定的参数值,这类分析也能让政策制定者判断政策变化的效果或者是了解究竟需要怎样的变化才能得到当前内生变量特定的未来取值。

在生成改良型比率目标模型的事前预测中,我们会讨论下面两种情况:

$$第一种情况：X_{T+m} = 2\,750\ 亿美元$$
$$X_{T+m+j} = 1.04^{j} X_{T+m+j-1}$$
$$第二种情况：X_{T+m} = 2\,750\ 亿美元$$
$$X_{T+m+j} = 1.10^{j} X_{T+m+j-1}$$

第一种情况将把 1988 年苏联国防开支的估计用作预测的基础，它同时还假设苏联国防开支会以每年 4％的速度增长直至 20 世纪末。第二种情况不使用 1988 年苏联国防开支作为基础，它仅仅假设苏联国防开支会以每年 10％的速度增长直至 20 世纪末。

通常的情况是，在生成事前预测之前，样本与后样本中的数据被合并，而模型将在包含 $T+m$ 个数据值的情况下被估计。等式 4.19 的事前估计将基于之前所报告过的全部 22 个个案。在两种情况下生成的事前估计被报告在表 5.2 中。因为实际的数据并不存在，所以我们无法评估这些预测值的绝对精确性。如果两种情况下的假设可为苏联国防开支的增长提供下限和上限的话，那么这两组预测便可提供一些有关未来国防开支水平的信息。

表 5.2　事前预测等式 4.19

年　份	第一种情况	第二种情况
1989	302.32	309.35
1990	315.65	335.05
1991	329.48	365.76
1992	343.63	400.79
1993	358.10	440.03
1994	372.83	483.52
1995	388.05	531.49
1996	403.79	584.27
1997	419.98	642.38
1998	436.80	706.40
1999	454.24	776.95
2000	472.42	854.49

注：在第一种情况中，苏联国防开支以 4％的速度增长；
　　在第二种情况中，苏联国防开支以 10％的速度增长。

　　我们可以清楚的看到,一旦一个模型被认为可以产生较为可靠的预测,研究者便可从事前预测的过程中得到丰富的与政策相关的信息。

第 6 节 | 结论

　　也许时间序列分析最有趣的方面就在于这些模型有生成预测的能力。本部分举例说明了如何通过保留一部分数据从而对事后预测进行估计。对于判断模型是否与数据拟合或者捕捉到了内生变量的根本动态而言,这是一个非常有价值的工具。一旦一个模型"通过"了这一阶段的检验,它便可以用来生成对将来的预测。这些预测将会给研究者和政策制定者带来很大的帮助。

第**6**章

总　结

　　在本书之中,我们探讨了有关时间序列模型的若干重要问题。非自相关假设(以及由此之后的时间序列回归模型)需要引起研究者特别的关注,因为它们在生成预测以及评估政策选择的时候是非常有用的。对非自相关假设的关注是十分合理的,因为该假设常常被违反,而被违反后又可能会对实质推断造成非常严重的后果。如果这仅仅是一个统计上的问题,也许我们并不需要如此全面的处理,但是,因为其最严重的后果可被非常简单地纠正,掌握全面的证据便是值得的。鉴于社会科学的目标在于根据证据和严谨的分析对过去和未来进行推断,了解违背自相关假设的后果以及可能的补救措施便显得尤为重要。

附　录

国防开支数据(单位:十亿美元)

年份	美国	苏联
67	67.357	40.000
68	77.265	40.000
69	77.785	47.000
70	77.070	52.000
71	74.472	55.000
72	75.076	60.000
73	73.223	65.000
74	77.550	74.000
75	84.900	81.000
76	87.891	86.000
77	95.557	103.000
78	103.042	119.000
79	115.013	127.000
80	132.840	139.788
81	156.096	153.600
82	182.850	181.400
83	210.484	207.400
84	227.413	236.700
85	253.748	257.000
86	273.375	258.000
87	281.999	260.000
88	290.400	275.000

注释

[1] 可以肯定的是,这是一种过度简化。正如我们可预料的,这两种方法存在很大的争议。从一方面来说,希布斯(Hibbs, 1977:172)就这两种方法做出如下区分,他指出 Box-Jenkins 类型的分析。

> 从本质上来说是"无知的"模型,它们并不基于理论。从这种意义上来讲,它们是没有解释力的……它们无法提供任何洞察力来解释因果结构背后的外生动力是如何通过一个社会、经济或政治关系相互依存的系统进行传递的。

从另一方面来说,格兰杰与纽博尔德(Granger and Newbold, 1986:205—215)却得出相反的结论。他们认为,尽管这些观察表明这两种方法代表两种不同的时间序列数据分析方法,但我们却有必要看到它们并不是极端对立的。正如约翰斯顿(Johnston, 1984:377)所证明,这两组步骤之间存在非常有趣的联系。

[2] 我注意到在军备竞赛的例子中,Richardson 类型的模型通常将苏联国防开支作为内生变量。但是,鉴于之前的苏联国防开支信息要被美国政策制定者得到才有用,似乎更合理的做法是忽略潜在复杂性并将苏联国防开支看做是外生的。此处所有的年份指的都是财政年度。

[3] 我将 1988 年的数据从样本中扣留。它们会被用来进行预测评估。

[4] 下面定义会对读者有帮助:

期望值

$E[e_t]$ 应该被读作"e_t 的 E"而不是"E 乘以 e_t";E 指的是一个操作符而不是一个数值量。e_t 的期望值即是 e_t 的均值。

方差

方差,或 $\mathrm{var}[e_t]$ 被定义为

$$\mathrm{var}(e_t) = E[e_t - E(e_t)]^2$$

同时它也是一个分布离散程度的测量。结合期望值的定义,它指的是距离 $E[e_t]$ 平方的均值。

协方差

协方差,或 $\mathrm{cov}[e_t]$ 被定义为

$$\mathrm{cov}(e_t e_{t-m}) = E\{[e_t - E(e_t)][e_{t-m} - E(e_{t-m})]\}$$

它同时可以表明 e_t 与 e_{t-m} 之间相关性的方向。

［5］Box-Jenkins 类型分析的一个重要性质在于，它能"过滤"内生和外生变量从而使这两种变量都不包含趋势性，事实上这是伴随差分过程所实现的。但在实证研究中，差分并不是使用时间序列回归方法的必要前提。正如我们由对时间序列模型的常规处理所看到的那样（Johnston，1972；Malinvaud，1970；Wonnacott & Wonnacott，1979），当研究序列相关影响的时候，X_t 的趋势性是明确被纳入考量的。

从原则上来讲，使用一阶差分并不会对实际推断产生效果，正如我们可以看到的：

$$(Y_t - Y_{t-1}) = b(X_t - X_{t-1}) + (e_t - e_{t-1})$$

但是，需要注意的是，尽管对模型进行差分确实消除了常数项，这却不会对参数 b 产生任何影响。

［6］请注意 $X_t^{**} = (X_t^* - \overline{X}^*$ 和 $Y_t^{**} - \overline{Y}^*)$。

［7］需要注意的是，我们需要区分使用一次差分来"过滤"一个时间序列（使其从此以后固定）以及一次差分作为一种处理时间序列的方法。此部分的批评对后面也适用。

［8］正如贾奇（Judge et al.，1985：224）所指出，使用基于实证的 Box-Jenkins 法为包含误差项的时间依赖过程进行建模尤为贴切。本部分为此提供了一个简单的介绍。有兴趣的读者可以从两个方面探索这个题目：(1)需要较多数学知识且较为进阶的（Box and Jenkins，1976：46—84），(2)需要较少数学知识且较为简单的（McCleary and Hay，1980）。考虑到本书读者的偏好，作者会更多地引用麦克利里与海伊的研究。

［9］估计这些模型的数据可向作者索取。请邮寄一个磁盘以及一个附带地址的信封（包含回信邮资）至 Charles Ostrom, Department of Political Science, East Lansing, MI 48824, USA。

［10］我们可以使用 Micro TSP 第六版通过下面命令得到估计值：LS US C USSR AR(1) MA(1)

［11］我们可以使用 Micro TSP 第六版通过下面命令得到估计值：LS DUS DUSSR MA(1)（其中 DUS 与 DUSSR 分别指代美国与苏联的国防开支水平）。

［12］Koyck 转换也可与部分调整与适应性期望模型同时使用（比如说，Kmenta，1986：529—532）。

［13］作者已经尽最大的努力更新了本书的参考文献。在这一部分，读者有必要参考之前版本中约翰斯顿（Johnston，1972）和卡门塔（Kmenta，1971）有关忽略序列相关所带来严重后果的全面描述。

［14］作者无法找到任何可以在滞后内生变量与显著自相关同时存在时运行
　　完全最大似然估计的计算机软件。当滞后内生变量存在时，TSP 软件
　　中的完全最大似然选项会自动转换成迭代性 Cochrane-Orcutt 法。

［15］作者在此选择忽略由于误差项动态行为所产生的复杂性。

［16］简单来说，这是有关究竟是使用回归方法还是使用 Box-Jenkins 法来分
　　析时间序列的辩论核心。

参考文献

Box, George E.P. and Jenkins, Gwilym M.(1976) *Time Series Analysis: Forecasting and Control*(rev. ed). Oakland, CA: Holden-Day.

Christ, C.(1966) *Econometric Models and Methods*. New York: John Wiley.

Dhrymes, P.J., Howrey, E.P., Hymans, S. H., Kmenta, J., Leamer, E. E., Quandt, R. E., Ramsey, J. B., Shapiro, H. T., and Zarnowitz, V. (1972) "Criteria for the evaluation of econometric models." *Annals of Economic and Social Measurement* 1(July): 259—324.

Durbin, J. (1970) "Testing for serial correlation in least-squares regression when some of the regressions are lagged dependent variables." *Econometrica* 38:410—421.

Freeman, John (1983) "Granger Causality and Time Series Analysis of Political Relationships." *American Journal of Political Science* 27(May): 327—358.

Friedman, M. (1951) "Comments," pp.107—114 in National Bureau of Economic Research (ed.) *Conference on Business Cycles*. New York: National Bureau of Economic Research.

Granger, C.W.J. and Newbold, Paul(1986) *Forecasting Economic Time Series*. San Diego: Academic Press.

Griliches, Z. and Rao, P. (1969) "Small-sample properties of several two-stage regression methods in the context of autocorrelated errors." *Journal of American Statistical Association* 64:253—272.

Hall, B.(1983) *TSP Reference Manual*, *Version 4.0*. Stanford, CA: TSP International.

Hall, Robert E. and Lilien, David M.(1988) *Micro TSP User's Manual*, *Version 6.0*. Irvine, CA: Quantitative Micro Software.

Hibbs, D. (1974) "Problems of statistical estimation and causal inference in dynamic time series models," pp.252—308 in H. Costner(ed.) *Sociological Methodology 1973/74*. San Francisco: Jossey-Bass.

Hibbs, D.(1977) "On analyzing the effects of policy interventions: Box-Jenkins and Box-Tiao versus structural equation models," pp.137—179 in D. Heise(ed.) *Sociological Methodology 1977*. San Francisco: Jossey-Bass.

Johnston, J.(1972) *Econometric Methods*. New York: McGraw-Hill.

Johnston, J.(1984) *Econometric Methods*(2nded.) New York: McGraw Hill.

Judge, G.G., Griffiths, W.E., Hill, R.C., Lutkepohl, H., and Lee, T. (1985) *On the Theory and Practice of Econometrics* (2nd ed.) New York: John Wiley.

Kelejian, H.H. and Oates, W.E.(1974) *Introduction to Econometrics*. New York: Harper & Row.

Kelejian, H. H. and Oates, W. E. (1981) *Introduction to Econometrics*. (2nded.). New York: Harper & Row.

Kmenta, J.(1971) *Elements of Econometrics*. New York: Macmillan.

Kmenta, J.(1986) *Elements of Econometrics*(2nded.). New York: Macmillan.

Klein, L.R.(1971) *An Essay on the Theory of Economic Prediction*. Chicago: Markham.

Klein, L. R. (1974) *A Textbook of Econometrics*. Englewood Cliffs, NJ: Prentice Hall.

Majeski, Steven and Jones, David (1981) "Arms Race Modeling." *Journal of Conflict Resolution* 25(June):259—288.

Malinvaud, E. (1970) *Statistical Methods of Econometrics*. Amsterdam: North-Holland Publishing.

Marra, R. F. (1985) "A cybernetic model of the US defense expenditure policymaking process." *International Studies Quarterly* 29:357—384.

McCleary, R. and Hay, R.A., Jr.(1980) *Applied Times Series Analysis for the Social Sciences*. Beverly Hills, CA: Sage.

McDowall, D., McCleary, R., Meidinger, E.E., and Hay, R.A., Jr.(1980) *Interrupted Time Series Analysis*. Sage University Paper on Quantitative Applications in the Social Sciences, 07—021. Beverly Hills and London: Sage.

Nelson, C. R. (1973) *Applied Time Series Analysis*. San Francisco: Holden-Day.

Nerlove, M. and Wallis, K.F.(1966) "Use of the Durbin-Watson statistic in inappropriate situations." *Econometrica* 34:235—266.

Ostrom, C.W., Jr. (1977) "Evaluating alternative foreign policy decision-making models." *Journal of Conflict Resolution* 21:235—266.

Ostrom, C.W., Jr.(1978) "The Reactive Linkage Model." *American Political Science Review* 72:941—957.

Ostrom, C.W., Jr. and Marra, R.F.(1986) "US defense spending and the Soviet estimate." *American Political Science Review* 80:819—842.

Pindyck, R. S. and Rubinfeld, D. L. (1981) *Econometric Models and Economic Forecasts* (2nd ed.). New York: McGraw-Hill.

Rattinger, H. (1975) "Armaments, detente, and bureaucracy." *Journal of Conflict Resolution* 19:571—595.

Richardson, L.F. (1960) *Arms and Insecurity*. Pittsburgh: Boxwood.

SAS Institute, Inc. (1984) *SAS/ETS User's Guide*. Cary, NC: SAS Institute.

SPSS, Inc. (1987) *SPSS/PC+Trends*. Chicago: SPSS.

Theil, H. (1966) *Applied Economic Forecasting*. Chicago: Rand-McNally.

Theil, H. (1971) *Principles of Econometrics*. New York: John Wiley.

Wonnacott, R.J. and Wonnacott, T.H. (1970) *Econometrics*. New York: John Wiley.

Wonnacott, R.J. and Wonnacott, T.H. (1979) *Econometrics* (2nd ed.). New York: John Wiley.

译名对照表

asymptotic bias	渐进偏误
autoregressive process	自相关过程
bureaucratic momentum	官僚冲动
central limit theorem	中心极限定律
consistent	一致的
cumulative multiplier	累积乘数
distributed lag model	分布式滞后模型
distribution-free tests	自由分布检验
efficient	有效的
endogenous variable	内生变量
estimated generalized least squares	受估广义最小二乘法
exogenous variable	外生变量
ex-ante-forecast	事前预测
ex-post-forecast	事后预测
first differences	一阶差分
first-order autoregressive process	一阶自相关过程
generalized least squares	广义最小二乘法
higher-order autoregressive process	高阶自相关过程
identification	识别
impact multiplier	效应乘数
intermediate multiplier	中介乘数
interval forecast	区间预测
lag operator	滞后算子
lagged	包含滞后项
mean deviate	中心化均值
mixed processes	混合过程
Monte Carlo experiment	蒙特卡洛实验
moving average process	滑动平均过程
naïve model test	简单模型检验
nonlagged	不含滞后项
Nonlinear Least Squares Estimator	非线性最小二乘估计法

partial autocorrelation function	局部自相关函数
partial correlation	局部相关
point forecast	点预测
post sample	后置样本
postsample period	后样本时期
prediction-realization diagram	预测实现图
process realization	过程实现
product moment correlation	积距相关
ratio goal model	比率目标模型
root mean square error	平均方根误差
serially correlated or autocorrelated	序列性相关或者自相关
simple time series regression model	简单时间序列模型
Statistical Package for the Social Sciences	SPSS 软件
tests based on theoretical distributions	基于理论分布的检验
time series analysis of the Box-Jenkins	Box-Jenkins 时间序列分析
time series regression analysis	时间序列回归分析
time series	时间序列
time-dependent process	时间依赖过程
Time-Series Processor	时间序列过程软件
Type I error	第一类错误
Type II error	第二类错误
unbiased	无偏的
width between the error bands	标准误差带

格致方法·定量研究系列